KB064029

경제가 쉬워지는 최소한의 수학

경제가 쉬워지는

합리적 선택과
문제 해결력을 위한
수학적 사고법

최소한의 수학

오국환 지음

지상의책

일상 속 경제 문해력을 키우는 수학적 사고의 힘

저는 수학의 가치를 크게 두 가지 면으로 이해합니다. 첫째는 수학 자체가 가진 아름다움입니다. 수학은 지극히 합리적인 아이디어와 아름다운 구조로 가득한 학문입니다. 비록 한눈에 이해되지 않더라도, 차근히 아이디어를 따라가다 보면 만나게 되는 수준 높은 사고의 세계는 가슴 벅차도록 희열을 안겨줍니다. 둘째는 수학이 가진 실용성입니다. 수학은 특유의 추상성에 힘입어 복잡한 현실 세계를 간결하고 명료하게 표현하는 언어의 역할을 합니다. 현실 세계의 현상을 수학의 언어로 표현하고, 수학의 논리로 푼 결과를 다시 현실 세계로 가져옴으로써 우리는 현실의 여러 문제를 풀게 됩니다. 그래서 수학은 자연과학과 사회과학을 막론하고 다양한 분야에서 문제를 해결하는 데 쓰이지요.

학교 수학은 이 두 가치 중 첫 번째 가치를 전달하는 쪽에 좀 더 비중을 두는 것 같습니다. 여러 방법으로 수학이 얼마나 실질적인 쓸모가 있는지를 드러내려고 노력하지만, 실제 수업에서는 수학의 내적인 구조를 익히는 일에 초점을 둡니다.

이러한 관점에서 볼 때 제가 학교에서 수업을 맡아 진행했던 〈경제 수학〉(2015년 개정 교육과정에서 신설)은 사실 이상한 과목입니다. 다른 과목과 달리 수학적으로 새롭게 배우는 내용이 거의 없기 때문입니다. 대신 경제에 관련된 다양한 개념이 여러 번 등장합니다. 그러다 보니 이 과목은 배우는 사람이나 가르치는 사람이나 '이게 수학 과목이 맞나?' 하는 의심을 자꾸만 품게 됩니다. 저도 그랬습니다. 수학은 다 알겠는데 경제적인 맥락을 이해하지 못해 답답할 때가 많았습니다. 신설 과목이라 참고할 도서도 딱히 없는데, 주변에 물어봐도 수학 선생님은 경제라 모르겠다고 하고 경제 선생님은 수학이라 모르겠다는 경우가 많았습니다. 결국 아쉬운 놈이 우물을 판다는 심정으로 하나하나 공부하며 가르칠 수밖에 없었지요.

그런데 학교에서 몇 년 〈경제 수학〉을 지도하다 보니, 이 과목은 다른 수학 과목과 달리 앞서 말한 수학의 가치 중 두 번째 가치에 더 초점을 맞춰야 하는 과목이 아닌가 하는 생각이 들었습니다. 새로운 수학적 내용을 배우기보다는, 경제에 관련된 여러 복잡한 현상을 수학의 눈으로, 수학의 언어로 이해하고 표현하여 문제를 해결하는 경험을 제공하는 과목이라고 느낀 것이지요. 이후에는 저의 수업에도 그러한 의도를 담아내려고 노력했습니다.

하지만 수업이 마음처럼 흘러가지는 않았습니다. 경제 현상을 분석하고, 이를 표현하는 적절한 수학 개념을 적용해서 경제 문제를 해결하는 과정이 되었으면 좋았겠지만, 여러 현실적인 제약에 따른 어려움이 있었습니다. 일단 정해진 시간 내에 진도를 나가야 한다는 부담도 있었고, 수능에도 나오지 않는 과목을 그렇게까지 진지하게 풀어내야 하는가에 대한 비겁한 망설임도 있었습니다. 무엇보다 그런 수학 수업을 들어보지도, 해보지도 못한 저 자신의 전문성이 제일 문제였습니다. 그러다 보니 수업의 끝에는 내가 학생들이 수업에서 경험해야 할 것들을 충분히 제공해주었는가? 하는 고민이 자꾸 머리에 남았습니다.

이 책은 이러한 고민에 대한 나름의 대답이자 부족한 선생에게서 수업을 들었던 학생들을 위한 애프터서비스입니다. 경제인지 수학인지 아리송한 수업을 들었던 학생들이, 그때 들은 수업이 사실은 수학의 가치를 전달하고자 했던 노력이었음을 이해해주기를 바랍니다.

글을 쓰며 수학이 본연의 이데아적 아름다움만큼이나, 복잡한 인간 세상을 설명하는 언어로서 큰 역할을 한다는 사실을 새삼스럽게 느꼈습니다. 수학을 좋아하긴 하지만 이게 현실과 어떤 지점에서 맞닿는지가 궁금했던 독자, 경제를 좋아하긴 하는데 수학이 부담되어 벽을 느낀 독자, 나는 경영경제 공부할 건데 어려운 수학을 뭐하러 배워야 하느냐고 생각했던 독자들이 글을 쓰며 제가 경험했던 사고의 확장을 함께 느끼면 좋겠습니다.

Contents

2. 숫자로 파악하는 경제 : 상대적인 크기

3. 복잡한 경제를 단순하게 : 수학적 모델링

$(x+y)^2$

돈이 불어나는 원리를 찾아라!

: 변화와 규칙성

변화무쌍한 돈의 흐름을 간파하는 수열의 비밀

수학의 역할 가운데 하나는 실제 세계의 여러 현상을 비교적 간단한 방법으로 표현하는 것입니다. 이때 현상이란 삼각형이나 사각형 모양으로 돌을 놓을 때 필요한 돌의 개수, 모임에 n명의 사람이 왔을 때 짝을 이룰 수 있는 경우의 수와 같이 비교적 단순한 것부터, 한 국가의 인구가 어떤 식으로 증가하는지, 혈관 속 피가 어떤 속도로 흐르는지, 매달 고객의 수가 일정한 비율로 증감되는 두 회사의 시장 점유율이 어떤 식으로 변화할지, 어떤 투표 방식이 가장 공정한지와 같이 쉽게 답하기 어려운 문제에 이르기까지 다양합니다. 이러한 현상에서 규칙성을 찾아내어 수학적으로 표현할 수 있다면, 실제 세계의 문제는 수학적으로 접근할 수 있는 간단한 문제로 바뀝니다.

실제 세계에 존재하는 변화와 규칙을 수학적으로 표현하는 방법으로는 함수가 있습니다. 예를 들어 영국의 경제학자 토머스 멜서스Thomas Robert Malthus (1766~1834)는 인구가 기하급수적으로 증가한다고 주장했습니다. 이 주장은 인구 증가 속도가 인구수에 비례하여 커진다는 말로도 표현할 수 있는데, 이것을 수학적으로는 $P(t)=P_0e^{rt}$와 같이* 시점 t에 대한

* 이 함수에 사용된 e는 $e=\lim_{n\to\infty}\left(1+\frac{1}{n}\right)^n$으로 정의되는 무리수입니다. 더 자세한 내용은 '무리수 e'를 검색해보길 바랍니다.

함수로 표현할 수 있습니다(이때 P_0는 현재 인구, r은 인구증가율, $P(t)$는 어떤 시점 t에서의 인구입니다). 과학 시간에 배우는 여러 공식 또한 일종의 함수라고 볼 수 있습니다. 예를 들어 물체의 운동에너지를 나타내는 $E_k=\frac{1}{2}mv^2$라는 표현은 운동에너지 E_k를 질량 m과 속도 v로 나타낸 함수*이지요.**

경제적인 맥락에서도 변화하는 현상을 다양하게 찾아볼 수 있을 뿐만 아니라 이러한 현상을 함수로 표현할 수도 있습니다. 특히 금융의 맥락에서는 함수의 한 종류인 '수열'을 많이 사용합니다. 예를 들어 현재 100만 원의 자금을 갖고 있고, 주식투자로 연평균 20%의 수익률을 내는 사람***이 있다고 생각해보겠습니다. 이 사람이 처음에 갖고 있던 100만 원은 매해 20%의 수익률로 아래와 같이 증가하겠지요.

100, 120, 144, 172.8, 207.36, ⋯

그러면 이 사람의 자산은 $M(x)=100(1.2)^x$라고 하는 함수로 표현할 수 있습니다(이때 M의 단위는 만 원, x의 단위는 년). 그런데 현실적으로 우리는 이럴 때 x의 자리에 주로 자연수를 대입하여 사용합니다. 즉, 우리의 주된 관심은 1년 후, 2년 후, 3년 후의 금액이지 2.4454⋯년 후의 금액이 아니

---

* $E_k=f(m,v)$라는 표현으로 더 익숙하지요? 이처럼 변수가 두 개 이상인 함수를 '다변수함수'라고 합니다. 다변수함수는 뒤에서 다시 설명합니다.

** 모든 현상을 함수로 명쾌하게 표현할 수 있는 것은 아닙니다. 비록 함수의 형태는 아니지만, 자연 현상을 방정식과 같은 수식으로 설명하고 해가 되는 함수를 찾아내는 일은 수학의 중요한 과제 중 하나입니다.

*** 전설적인 투자자 워렌 버핏Warren Edward Buffet의 연평균 수익률이 이 정도 된다고 알려져 있습니다.

라는 말입니다. 따라서 이런 함수에서는 x의 범위를 자연수로 한정하더라도 무리가 없습니다. 함수의 표현 또한 자연수를 의미하는 n을 이용하여, $M_n=100(1.2)^n$(단, n은 자연수)과 같이 나타내지요. 이렇게 정의역, 즉 x가 가질 수 있는 값의 범위를 자연수로 한정한 함수를 수열이라고 합니다. 수열은 예금이나 적금에서 원리합계를 계산할 때, 대출을 내고 매월 갚아야 할 금액을 예상할 때, 특정한 금액을 모으기 위해 달성해야 하는 수익률을 계산할 때 등 다양한 금융 상황에서 사용됩니다.

돈의 가치는 시간에 따라 변합니다. 금리나 인플레이션 같은 요소가 개입하기 때문입니다. 따라서 변화하는 돈의 가치를 이해하고 합리적으로 의사결정을 내리려면 이러한 변화를 설명할 수학적 도구가 필요하겠지요. 이때 앞서 소개했던 함수, 특히 수열은 금융 상황을 설명하고 올바른 의사결정을 내리는 데 도움을 줍니다. 이 장에선 수열이 어떻게 다양한 금융 상황을 설명하고 문제를 해결하는지를 소개하겠습니다.

이자

돈이 돈을 버는 원리를 찾아서

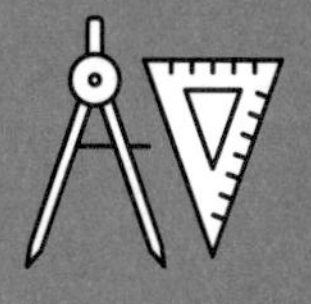

돈을 빌리는 게 오히려 가성비가 높을 때가 있다?

돈의 가치는 시간에 따라 변합니다. 어떤 돈은 시간이 지나면서 점점 가치가 떨어지고, 어떤 돈은 상황에 따라 더 비싼 취급을 받습니다. 예를 들어 아버지가 20년 전에 코트 속에 꼬깃꼬깃 숨겨 놓은 용돈 1만 원을 발견했다고 생각해봅시다. 20년 전 아버지는 이 돈으로 친구와 삼겹살도 구워 먹고, 소주도 한잔 곁들일 계획이 있었는지도 모릅니다. 하지만 2024년에 찾은 1만 원은 혼자 설렁탕이나 한 그릇 드시고 집에 돌아오셔야 하는 금액입니다.[1] 이렇게 볼 때 아버지의 1만 원은 코트 속에서 20년을 지나는 동안 가치가 크게 떨어졌다는 사실을 알 수 있습니다. 하지만 만약 아버지가 이 1만 원을 코트에 넣지 않고 은행 예금에 넣었다면, 대략 3%의 금리*만 적용하더라도 1만 8,000원 정도의 금액이 되어 돈의 가치를 떨어뜨리지 않을 수 있었을 겁니다.

---

* 2000년 정기예금 금리는 7% 정도였고, 이후 대체로 낮아지는 추세를 보여 2020년에는 1%대로 내려왔습니다(출처: 한국은행 경제통계시스템 홈페이지, https://ecos.bok.or.kr/). 여기에선 평균적으로 3% 정도를 적용했습니다.

이자에 따라 돈이 어떻게 변화하는지를 이해하면 같은 돈으로 비교적 빨리 부를 쌓거나 과도한 빚을 지는 것을 피할 수 있습니다. 예를 들어 집을 사려고 은행에서 2억 원을 빌렸다고 생각해봅시다. 만약 이자가 2%일 때 2억 원을 30년간 빌리면, 매월 74만 원 정도를 갚아야 합니다. 이때 2억 원에 대한 이자 총액은 약 6600만 원 정도입니다. 그런데 만약 이자가 5%일 때 2억 원을 30년간 빌리면, 매월 갚아야 하는 돈은 107만 원 정도로 늘어납니다. 갚아야 할 이자 총액 또한 1억 8650만 원 정도로 크게 늘어나지요. 이러한 차이를 이해하고 예상할 수 있다면, 꼭 필요한 경우가 아니라면 이자가 높을 때 욕심내서 빚을 내지 않을 것입니다.

돈의 사용료가 개인마다 다른 이유

돈의 가치 변화를 고려하여 합리적 의사결정을 내리려면 단순히 '돈이 불어나는구나' 하는 정도의 추상적인 이해를 넘어설 필요가 있습니다. 즉, 돈의 가치가 어떤 식으로 증가하거나 감소하는지, 시기에 따라 돈의 가치는 어떻게 변하는지, 원금의 크기는 이자에 어떤 영향을 미치는지 등을 구체적으로 생각할 수 있어야 한다는 말입니다. 가장 먼저 이해해야 할 것은 바로 '이자'입니다. 원금의 크기나 돈을 빌리는 기간에 따른 이자가 돈의 가치를 변화시키기 때문입니다.

필요한 물건이 없을 때 우리는 그 물건을 살 수도 있지만 빌려서 사용할 수도 있습니다. 결혼식 때 입는 드레스나 턱시도처럼 비싸고 사용 빈도가 낮은 물건은 굳이 사기보다는 대여료를 내고 빌려 쓸 때 가성비가 더 좋겠지요. 돈에도 같은 이야기를 적용할 수 있습니다. 무언가를 사거나 이용하는 데 돈이 필요할 때 우리는 남의 돈을 빌려 사용한 뒤 나중에 돌려주기도 합니다. 대신 이때에는 물건을 빌려 쓸 때 사용료를 내는 것과 같이 돈을 빌려 쓴 사용료를 내야 합니다. 돈에 대한 사용료가 바로 '이자'입니다. 돈을 빌리거나 빌려주는 행위는 사회 구성원 각각의 필요를 적재적소에서 충족시킴으로써 결국 사회 전반의 만족도를 높여줍니다.

이자는 보통 원금에 대한 일정 비율의 금액으로 결정됩니다. 이때 이자를 결정하는 비율을 '금리', 혹은 '이자율'이라고 부릅니다. 금리의 입장에서 설명하면 금리는 이자의 원금에 대한 비율입니다. 금리는 일반적으로 개인마다 다르게 적용됩니다. 돈을 빌리는 사람의 신용이 낮을수록, 돈을 빌리는 기간이 길수록, 돈을 빌리려는 사람이 많을수록 높게 적용됩니다. 돈을 빌려주는 사람의 입장에선 돈을 돌려받기 어려울수록, 돈을 늦게 갚을수록, 이자를 높게 불러도 돈을 쓰겠다는 사람이 많을수록 높은 사용료를 부르는 편이 합리적일 테니까요.

——— 이자는 어떻게 계산할까? 단순하면 단리, 복잡하면 복리

구체적으로 이자를 어떻게 계산하는지 알아보겠습니다. 이자는 크게 단리와 복리 두 가지 방법으로 계산됩니다. 단리는 원금에 대해서만 이자를 계산하는 방법입니다. 영어로는 simple interest라고 하는데, 말 그대로 '단'순하게 '이(리)'자를 계산하는 방법이라고 이해하면 됩니다. 사례로 한번 볼까요?

태준이가 희구에게 200만 원을 월 2%의 단리로 12개월 동안 빌렸다고 생각해보겠습니다. 단리를 사용하므로 이자는 원금 200만 원에 대해서만 계산하면 됩니다. 이자율은 원금에 대한 이자의 비율이라고 했지요? 이에 따라 $2\%=\frac{2}{100}=\frac{(\text{이자})}{(\text{원금})}$의 식이 나옵니다. 즉, 다음과 같은 식이 성립합니다.

$$(\text{이자})=(\text{원금})\times\frac{2}{100}$$

이 식의 (원금)에 200만 원을 대입하여 계산하면, 이자는 4만 원임을 알 수 있습니다. 즉 태준이는 희구에게 한 달에 4만 원의 이자를 지불해야 합니다. 돈을 빌리고 나서 태준이가 희구에게 갚아야 할 돈은 매달 아래와 같이 늘어나겠지요(단위는 만 원).

$$204, 208, 212, 216, 220, 224, 228, 232, 236, 240, 244, 248, 252, \cdots$$

돈을 12개월 동안 빌리기로 하였으므로, 12개월이 지난 후 태준이가 희구에게 갚아야 할 돈은 열두 번째 수인 248만 원이 됩니다. 원금 200만 원과 이자 48만 원의 합이지요. 이렇게 이자와 원금을 합쳐서 계산한 결과를 '원리합계'라고 합니다.

한편 **복리**는 원금뿐만 아니라 이자에 대해서도 이자를 계산하는 방법입니다. 예를 들어 100만 원을 빌려주고 이자가 붙어 원리합계가 110만 원이 되었다면, 그 다음 이자는 100만 원이 아니라 110만 원을 기준으로

방법	단리	복리
원금	200	200
1달 후	204	204
2달 후	208	208.08
3달 후	212	212.24
4달 후	216	216.49
5달 후	220	220.82
6달 후	224	225.23
7달 후	228	229.74
8달 후	232	234.33
9달 후	236	239.02
10달 후	240	243.80
11달 후	244	248.67
12달 후	248	253.65

(단위: 만 원)

단리와 복리에 따른 원리합계

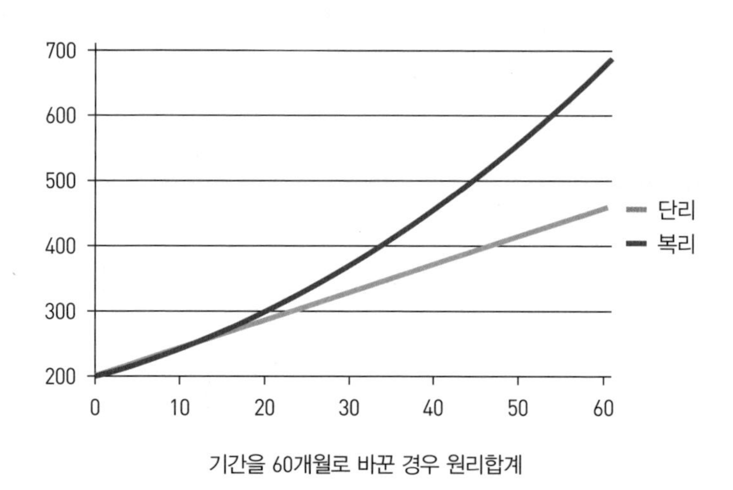

기간을 60개월로 바꾼 경우 원리합계

계산합니다. 영어로는 복리를 compound interest라고 하는데, 원금과 이자를 합쳐 '복'합적으로 '이(리)'자를 계산하는 방법이라고 보면 적당하겠네요. 마찬가지로 사례로 복리법을 알아보겠습니다.

이번에는 희구가 태준이에게 200만 원을 월 2%의 복리로 12개월간 빌렸다고 생각해보겠습니다. 돈을 빌리고 한 달이 지났을 때 이자는 $200 \times \frac{2}{100} = 4$만 원이고, 원리합계는 204만 원이 됩니다. 그러면 두 달 후의 이자는 어떻게 계산해야 할까요? 이때는 앞의 원리합계 204만 원을 원금으로 생각하여 계산하므로, 이자는 $204 \times \frac{2}{100} = 4.08$만 원이 되고, 원리합계는 208.08만 원이 됩니다. 같은 방식으로 계산하면 세 달 후의 원리합계는 212.2416만 원이 됩니다. 단리보다 복리의 원리합계가 더 크지요.

다음은 위와 같은 상황에서 단리와 복리를 적용한 결과가 어떻게 달라지는지를 나타낸 표와 그래프입니다(표의 내용은 소수점 셋째 자리에서 반올림했습니다).

처음에는 차이가 크게 나지 않지만, 시간이 지날수록 단리와 복리의 원리합계 차이가 점점 벌어진다는 사실을 알 수 있습니다. 재테크 도서를 읽다 보면 흔히 복리의 마술이라며 복리를 이용해 돈을 모으라고 강조하는 경우가 많은데, 그래프를 보니 그 이유를 알겠죠?

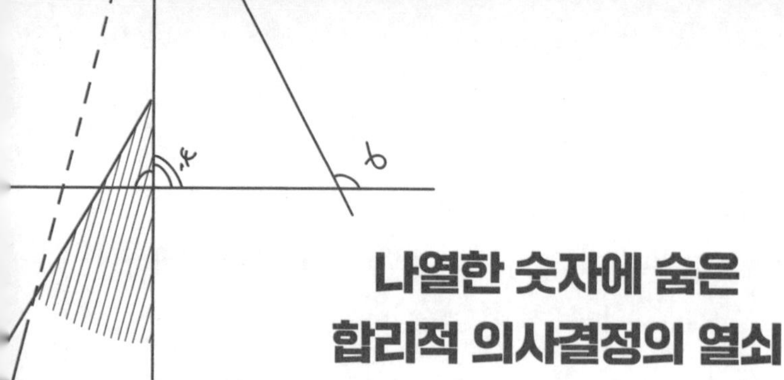

나열한 숫자에 숨은 합리적 의사결정의 열쇠

앞서 다룬 내용은 학교 수학에서 배우는 수열과 관련되어 있습니다. 수열이란 차례대로 나열된 수의 열을 말합니다. '수'를 나'열'했다는 뜻으로 이해하면 적당하겠네요. 예를 들면 이런 거죠. 3, 1, 4, 1, 5, 9, 2, …*

이때 수열을 이루는 각각의 수를 '항'이라고 부릅니다. 예를 들어 위 수열에서 3은 첫째항**, 1은 둘째항, 4는 셋째항이 됩니다. 일반적으로 수열을 나타낼 때는 항에 번호를 붙여 a_1, a_2, a_3와 같이 나타내고, 제 n번째 항을 a_n으로 나타냅니다. 이를 일반항이라고 해요. 일반항을 나타내는 식을 알면 n에 차례대로 자연수를 대입하여 수열의 모든 항을 구할 수 있겠지요.

수열은 일종의 함수라고 볼 수 있습니다. 자연수의 집합에서 생각하여 1에 a_1, 2에 a_2, 3에 a_3와 같이 자연수와 수열의 각 항이 대응하는 함수를 생각해봅시다. 이 함수는 자연수를 정의역, 실수 전체를 공역으로 가

---

* 어디서 많이 본 수들이죠? 이 수열이 어떤 규칙으로 만들어졌을까 추측해봅시다.

** 초항이라고 부르기도 합니다.

지며 $f(n)=a_n$으로 표현되는 함수가 됩니다.

수열은 무엇보다 규칙이 중요합니다. 아무런 규칙이 없다면 그 수열이 증가할지, 감소할지, 다음에 어떤 수가 나올지 정보를 얻을 수 없을 테니까요. 일정한 규칙 없이 수를 나열하더라도 수열이라고 할 수는 있지만, 이래서야 가치 있는 대상이라고 보기 어렵습니다. 그래서 일반적으로 수열을 다룰 때는 수열에 숨은 규칙을 찾는 일에 초점을 맞춥니다.

수학 교과서에서는 비교적 간단한 규칙인 '일정한 수를 더하기'와 '일정한 수를 곱하기'를 제시합니다. 이때 '일정한 수를 더하기' 규칙을 사용하는 수열을 '등차수열', '일정한 수를 곱하기' 규칙을 사용하는 수열을 '등비수열'이라고 합니다. 각각의 예를 들면 아래와 같습니다.

- 등차수열의 예: 1, 3, 5, 7, … (1부터 시작하여 2씩 더함)
- 등비수열의 예: 2, 6, 18, 54, … (2부터 시작하여 3씩 곱함)

등차수열: 일정한 수를 더하는 규칙

등차수열에서 '등차等差'는 차가 같다는 뜻입니다. 앞의 항에 일정한 수를 더해서 다음 항을 만들면, 이웃한 두 항의 차는 항상 같겠지요? 위의 1, 3, 5, 7, …에서도 이웃한 두 항의 차가 항상 2였습니다. 등차수열에서 앞의 항에 더해지는 일정한 수, 즉 이웃하는 두 항 사이의 차를 '공차'라고 합니다. 공차는 보통 차이를 뜻하는 difference의 첫 글자를 따서 d로 표현합니다.

등차수열에서는 첫째항과 공차를 이용하여 일반항 a_n을 어렵지 않게 찾을 수 있습니다. 앞의 1, 3, 5, 7, …과 같이 첫째항이 1이고 공차가 2인 수열을 정리해볼까요?

$$a_1=1=1=1+2\times0 \qquad 1+2\times0$$
$$a_2=3=1+2=1+2\times1 \qquad 1+2\times1$$
$$a_3=5=1+(2+2)=1+2\times2 \qquad 1+2\times2$$
$$a_4=7=1+(2+2+2)=1+2\times3 \qquad 1+2\times3$$
$$a_5=9=1+(2+2+2+2)=1+2\times4 \qquad 1+2\times4$$
$$\vdots \qquad \vdots$$

$a_n=1+2(n-1)$이 된다는 사실을 알 수 있네요. 일반적으로 등차수열에서 첫째항을 a, 공차를 d라 하면 일반항은 $a_n=a+(n-1)d$로 표현됩니다.

이제 앞에서 다룬 단리법을 생각해봅시다. 단리법의 예시에서 태준이가 희구에게 갚아야 할 돈은 다음과 같은 수열로 나타났습니다.

204, 208, 212, 216, 220, 224, 228, 232, 236, 240, 244, 248, 252, …

이 수열은 첫째항이 204이고, 공차가 4인 등차수열입니다. 따라서 일반항 a_n을 $a_n=204+(n-1)4=4n+200$으로 나타낼 수 있지요. 이처럼 단리법을 이용한 원리합계는 등차수열로 표현할 수 있습니다.

앞의 상황을 일반화하여 원금을 A, 이자율을 r(%), 기간(이자가 붙은 횟수)을 n이라고 하면 원금 A에 대한 단리의 원리합계 S는 첫 항이 $A+\frac{r}{100}A$, 공차가 $\frac{r}{100}A$인 등차수열이 되겠네요. 따라서 원리합계 S는 등차수열의 일반항을 이용하여 아래와 같이 나타냅니다.

$$S=A+\frac{r}{100}A+(n-1)\frac{r}{100}A=A+n\times\frac{r}{100}A=A\left(1+\frac{r}{100}n\right)$$

등비수열: 일정한 수를 곱하는 규칙

등차수열에서 등차가 차가 같다는 뜻이었으니, **등비수열**에서 '등비等比'는 비가 같다는 뜻이겠지요? 앞의 항에 일정한 수를 곱해서 다음 항을 만드니 이웃한 두 항의 비는 항상 일정하게 나올 겁니다. 앞의 2, 6, 18, 54, …에서도 뒤의 항을 앞의 항으로 나누면 항상 3이 나왔지요. 앞의 항에 곱해지는 일정한 수를 '공비'라고 하고 보통 비율을 뜻하는 ratio의 첫 글자를 따서 r로 표현합니다.

등비수열도 등차수열과 같이 첫째항과 공비를 이용하여 일반항을 찾을 수 있습니다. 앞의 예를 잘 관찰하면 각 항은 $2=2\times3^0$, $6=2\times3^1$, $18=2\times3^2$, $54=2\times3^3$이 되는데, 이로부터 등비수열의 일반항은 $a_n=ar^{n-1}$임을 알 수 있습니다(이때 a는 첫째항, r은 공비).

여기서는 앞에서 다룬 복리법을 생각해봅시다. 희구가 태준이에게 갚아야 할 돈을 수열로 나타내면* 다음과 같습니다.

---

* 편의상 소수점 셋째 자리에서 반올림하였습니다. 앞의 항 5개를 제대로 쓰면 204, 208.08, 212.2416, 216.486432, 220.81616064가 됩니다.

$$204, 208.08, 212.24, 216.49, 220.82, 225.23, 229.74, \cdots$$

첫째항과 둘째항이 어떻게 만들어졌는지 잠깐 생각해봅시다. 첫째항 204는 원금 200에 이자율 0.02를 곱해서 계산된 이자 4를 더한 값입니다(단위는 만 원인데 편의상 생략하겠습니다). 식으로 표현하면 $200+200\times0.02$인 거죠. 이는 분배법칙을 이용하여 $200\times(1+0.02)=200\times(1.02)$로 표현할 수 있습니다. 한 번만 더 해볼까요? 복리의 계산 방법에서 둘째항은 첫째항 $200\times(1.02)$를 원금으로 생각하여 이자를 계산했습니다. 그러면 원리합계는 $200\times(1.02)$에 이자인 $200\times(1.02)\times(0.02)$이 더해져서 만들어지죠. 식으로 나타내면 $200\times(1.02)+200\times(1.02)\times(0.02)$인데, 분배법칙을 써서 다음과 같이 표현을 바꿀 수 있습니다.

$$\{200\times(1.02)\}+\{200\times(1.02)\}\times(0.02)$$
$$=\{200\times(1.02)\}\times(1+0.02)=200\times(1.02)^2$$

첫째항이 $200\times(1.02)$이고, 둘째항이 $200\times(1.02)^2$이니 뭔가 규칙성이 있어 보이죠? 예상대로 이 수열은 첫째항이 204이고 공비가 1.02인 등비수열입니다. 따라서 일반항은 $a_n=204\times(1.02)^{n-1}$로 나타납니다. 이처럼 복리법을 이용한 원리합계는 등비수열로 계산할 수 있습니다.

이 상황을 일반화하여, 원금을 A, 이자율을 $r(\%)$, 기간(이자가 붙은 횟수)을 n이라고 하면, 원금 A에 대한 복리의 원리합계 S는 초항이 $A\left(1+\frac{r}{100}\right)$이고 공비가 $\left(1+\frac{r}{100}\right)$인 등비수열로 정리해볼 수 있습니다. 자, 이제 S를 등비수열의 일반항을 이용해서 표현해볼까요?

$$S=A\left(1+\frac{r}{100}\right)\times\left(1+\frac{r}{100}\right)^{n-1}=A\left(1+\frac{r}{100}\right)^{n}$$

이렇게 등차수열과 등비수열은 각각 앞서 배운 단리, 복리와 관계가 있습니다. 아직 수학적인 내용을 완전히 이해하지 못했더라도, 수학 시간에 배우는 등차수열과 등비수열로 경제 현상을 표현할 수 있다는 사실을 느껴보았길 바랍니다.

경제 리터러시

'72의 법칙'은 얼마나 실현 가능할까?

재테크 도서에 자주 언급되는 내용으로 '72의 법칙'이 있습니다. 복리가 얼마나 돈을 빠르게 불려주는지를 설명할 때 자주 사용하는 법칙인데, 간단히 말하자면 다음과 같습니다.

복리로 원금을 2배로 불리는 기간은
72를 복리 수익률(%)로 나눈 값이다. 즉,

$$\frac{72}{(\text{복리 수익률})} = (\text{원금이 2배가 되는데 걸리는 시간})$$

예를 들어 연간 복리 수익률이 36%라면 72÷36=2이므로 2년 후에 돈을 2배로 불릴 수 있다는 뜻입니다.

이 72의 법칙은 흔히 돈을 모을 때 목표 수익률을 설정하는 데 사용됩니다. 예를 들어 현재 1000만 원이 있는데 4년 후에 2배인 2000만 원을 만든다는 목표가 있다고 합시다.

$$\frac{72}{(\text{복리 수익률})}=4$$

따라서 목표 수익률은 $72 \div 4 = 18(\%)$가 되어야 합니다. 실제로 앞서 배운 복리 계산을 이용하면 $1000 \times (1+0.18)^4 \fallingdotseq 1939$(만원)으로 2000만 원에 가까운 값이 나오네요.

그런데 이 72의 법칙은 얼마나 정확할까요? 72의 법칙은 목표 수익률에 무관하게 언제나 잘 맞아떨어지는 법칙일까요? 수학적 접근으로 이러한 질문에 대답해봅시다.

원금을 A원, 이자율을 x, 불입 기간을 n이라고 할 때, 72의 법칙을 식으로 풀어내면 다음과 같습니다.*

$$A(1+x)^n = 2A \text{일 때, } n \fallingdotseq \frac{72}{100x}$$

위 식을 n에 대해 풀어볼까요?

$$A(1+x)^n = 2A$$

$$(1+x)^n = 2$$

$$\log(1+x)^n = \log 2$$

$$n\log(1+x) = \log 2$$

$$\therefore n = \frac{\log 2}{\log(1+x)}$$

* 72의 법칙에서는 이자율을 퍼센트(%)로 표현하기 때문에 72를 $100x$로 나누었습니다.

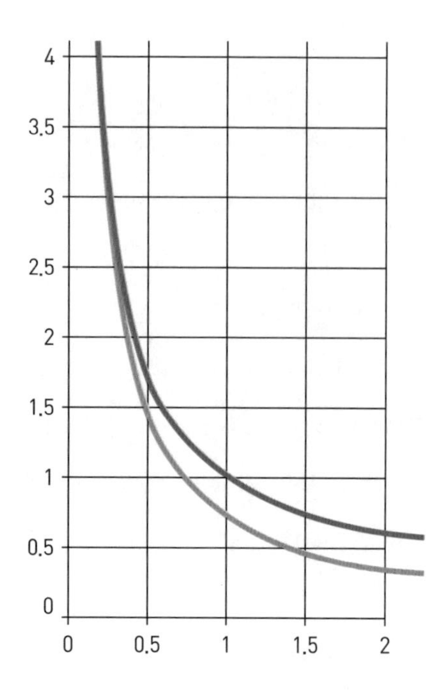

이렇게 구한 $n=\frac{\log 2}{\log(1+x)}$ 과 72의 법칙에서 구한 $n \fallingdotseq \frac{72}{100x}$ 을 그래프로 비교해보면 위와 같습니다. 진한 색의 그래프가 $\frac{\log 2}{\log(1+x)}$ 의 그래프, 연한 색의 그래프가 $\frac{72}{100x}$ 의 그래프입니다.

그림에서 알 수 있듯, 두 그래프는 $x<0.5$ 정도일 때는 비교적 비슷한 값을 가지지만, x값이 커지면 커질수록 차이가 크게 벌어집니다.

그러면 72의 법칙이 가장 잘 적용되는 수익률은 어느 정도일까요? 앞의 두 식의 차를 새로운 함수로 표현해서 분석해보겠습니다.

$$f(x)=\left|\frac{\log 2}{\log(1+x)}-\frac{72}{100x}\right|$$

이 함수는 실제로 돈을 2배로 불리는 기간과 72의 법칙으로 예측한 기간의 차이를 의미합니다. $y=f(x)$의 그래프로 나타내면 아래와 같습니다. 그래프를 통해 알 수 있듯, 이 함수는 $x=0.08$ 정도의 값을 가질 때 오차가 가장 적게 나타납니다. 8% 정도의 수익률을 가질 때 72의 법칙이 가장 잘 적용된다는 뜻이지요.

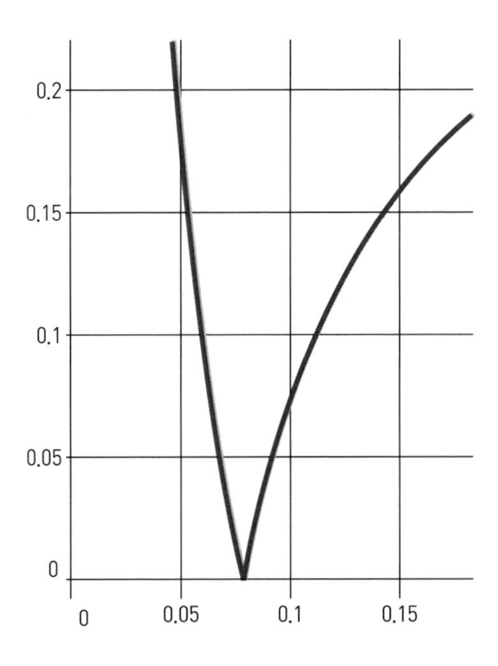

예금과 적금

나눠서 굴릴까,
한 번에 굴릴까?

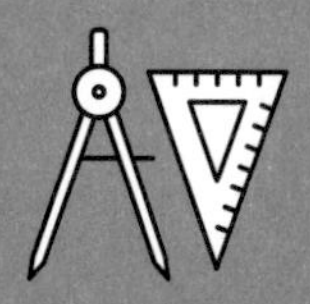

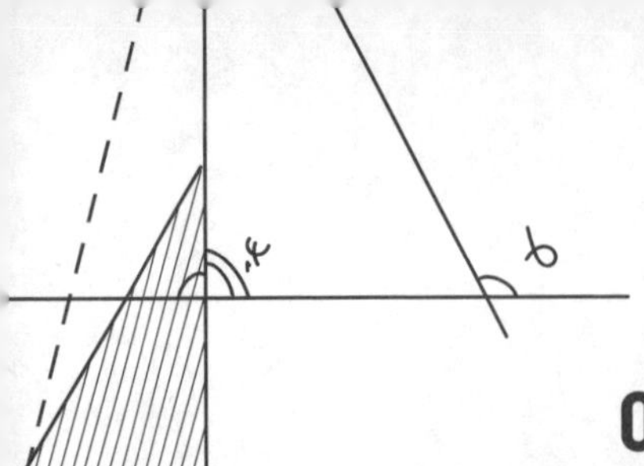

아는 것이 힘?
아는 만큼 돈이 된다!

통장에 갑자기 1200만 원이 생겼다고 생각해봅시다. 당장 여기저기 쓰고 싶기는 하지만, 여기서는 이 돈을 모두 은행에 저축한다고 가정하겠습니다. 은행 사이트에 접속해서 현재 은행에서 다루는 예금과 적금 상품을 찾아보니 다음 사진과 같았습니다.

언뜻 보아하니 '예금'이라고 이름이 붙은 상품은 3~4% 정도의 금리를 제시하고, '적금'이라고 이름이 붙은 상품은 6~8% 정도의 금리를 제시하네요. 여러분은 어떤 상품을 이용하고 싶은가요? 금리가 높은 적금인가요? 답이 뻔하면 물어보지도 않았을 테니 출제자의 의도를 고려해서 예금인가요? 애초에 예금과 적금의 차이를 알고 있나요?

보다 합리적인 선택을 하려면 예금과 적금의 차이 정도는 알아야 할 것 같습니다. 뭐든 아는 것이 힘이라는데, 이 경우는 아는 것이 돈이 됩니다. 여기에선 예금과 적금의 차이를 설명하고, 적금에서 원리합계를 어떻게 계산하는지를 다루어보겠습니다.

은행에서 다루는 예금과 적금(출처: 우리은행. 2024년 4월 5일 기준)

목돈이 있을 때는 예금

앞서 시간에 따른 돈의 가치 변화를 계산할 때 우리는 수열의 일반항을 이용했습니다. 원금을 A, 금리를 $r(\%)$, 이자를 계산한 횟수를 n이라고 하면, 단리의 원리합계는 $S=A\left(1+\frac{r}{100}n\right)$, 복리의 원리합계는 $S=A\left(1+\frac{r}{100}\right)^n$이었죠. 이는 각각 등차수열의 일반항 $a_n=a+(n-1)d$와 등비수열의 일반항 $a_n=ar^{n-1}$을 이용한 결과였고요.

예금의 경우 원금 A원은 은행에 한 번만 입금합니다. 한 번에 A원이라는 목돈을 입금하고 일정한 기간이 지난 뒤 원리합계를 받는 상황이죠. 이러한 금융상품은 은행의 **정기예금**이라고 볼 수 있습니다. 정기예금은 목돈을 갖고 있을 때 사용하기 좋은 상품입니다. 큰돈을 은행에 한 번에 맡김으로써 이자를 더 많이 받을 수 있으니까요. 앞서 우리가 배운 단리와 복리의 원리합계 계산은 금융상품 중 정기예금을 통한 돈의 가치 변화를 설명하기에 적합하다고 볼 수 있습니다.

목돈을 만들 때는 적금

적금은 일정한 기간 정기적으로 일정한 금액을 저축하여 만기일이 지난 후 이자와 함께 원금을 돌려받는 상품*을 말합니다. 적금은 돈을 계속해서 누적한다는 특징 때문에 매월 일정한 금액을 지속적으로 저축하려는 사람들이 사용하기 적합한 금융상품입니다.**

---

* 비정기적으로 금액을 자유롭게 입금하는 형태의 적금도 있습니다.

** 목돈이 없다고 꼭 적금을 들어야만 하는 것은 아닙니다. 정기예금을 매월 새로 가입하는 방식으로 적금과 같은 효과를 내는 방법도 있기는 합니다. 다만 여기에선 예금과 적금의 차이를 설명하기 위해 목돈이 없을 때는 적금이, 목돈이 있을 때는 예금이 통상적이라고 설명했습니다. 실제로도 예금은 목돈 운용에, 적금은 꾸준히 돈을 모아 목돈을 마련하는 데 주로 사용됩니다.

적금의 원리합계를 계산하는 방법은 앞서 배운 정기예금 원리합계 계산 방법과 상이합니다. 은행에 돈을 맡긴 기간과 금액이 시간에 따라 달라지기 때문입니다. 예를 들어 1200만 원을 12개월 동안 예금한 태준이의 상황과 매월 100만 원씩 12개월 동안 적금으로 불입한 희구의 상황을 비교해보겠습니다. 은행의 입장에서 생각해보면, 태준이의 상황은 은행이 1200만 원을 1년간 빌려 쓰는 경우에 해당합니다. 그러니 은행은 태준이에게 1200만 원에 대한 1년 치 사용료(이자)를 제공해야 합니다.

그런데 희구의 상황은 다릅니다. 첫 달에 적금으로 100만 원을 불입했을 때, 은행은 희구에게 100만 원만 빌려 쓰고 있는 셈입니다. 그러니 첫 번째 달에는 희구에게 100만 원에 대한 사용료만 내면 됩니다. 두 번째 달이 되어 희구가 100만 원을 또 불입하면 이제 200만 원에 대한 사용료를 내야겠지요. 이런 식으로 생각하면 은행이 1200만 원에 대한 사용료를 내는 일은 마지막 달에만 일어납니다. 다음 페이지의 그림을 한번 볼까요?

그림 속 화살표의 두께와 길이는 은행이 이자를 지불해야 하는 원금과 기간이라고 해석할 수 있습니다. 적금이 예금보다 화살표 개수는 많지만, 각각의 두께나 길이는 예금보다 작지요?

적금은 왜 넣을 때마다 이자가 다를까?

적금의 원리합계를 계산할 때 어려운 점은 초기에 넣었던 돈과 나중에 넣는 돈에 붙는 이자가 다르다는 점입니다. 그림을 보면, 초기에 넣은

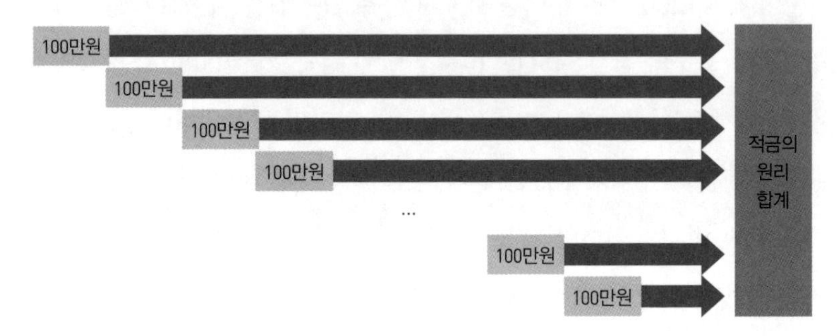

예금과 적금의 원리합계가 만들어지는 구조

100만 원과 나중에 넣는 100만 원에 붙은 화살표의 길이가 다르다는 점을 알 수 있습니다. 처음에 넣은 100만 원과 나중에 넣는 100만 원에 대한 이자를 한 번에 계산할 수 없는 이유이지요. 각각의 불입금에 붙는 이자를 한 번에 계산할 수 없다면, 각각 계산해서 나중에 더하면 됩니다.

예를 들어 위의 상황에서 첫 달에 넣은 100만 원은 만기가 될 때까지 12번 이자가 계산될 것이고, 다음 달에 넣은 100만 원은 11번, 그다음 달의 100만 원은 10번, 마지막 달에 넣은 100만 원은 1번만 이자가 붙습니다. 이를 각각 계산하여 합해야 적금에 따른 원리합계가 구해집니다.

이제 앞의 상황에서 연 6%의 월月 복리 이자가 적용된다고 가정하고 매월 불입한 돈에 붙는 이자를 계산해보겠습니다. 12개월간 월 복리로 계산하면 매월 이자는 $6 \div 12 = 0.5(\%)$로 계산해야 합니다. 첫 달에 불입한 100만 원은 만기까지 12번의 이자가 붙는다고 했었죠? 이는 100만 원을 정기예금에 넣고 12개월간 유지하는 경우와 같으므로, 앞서 다룬 정기예금의 원리합계를 이용하여 $S_1 = 100\left(1 + \frac{0.5}{100}\right)^{12} = 100(1.005)^{12}$과 같이 계산할 수 있습니다. 두 번째 달에 불입한 100만 원은 만기까지 11번의 이자가 붙으므로, $S_2 = 100(1.005)^{11}$로 계산하고요. 이를 반복하면, $S_1, S_2, S_3, \cdots, S_{12}$는 각각 다음과 같음을 알 수 있습니다.

$$100(1.005)^{12},\ 100(1.005)^{11},\ 100(1.005)^{10},\ \cdots,\ 100(1.005)^{3},\ 100(1.005)^{2},\ 100(1.005)$$

이 금액의 합이 바로 적금으로 얻는 원리합계입니다. 이 수들을 다음과 같이 다시 배열해보겠습니다.

$$100(1.005),\ 100(1.005)^{2},\ 100(1.005)^{3},\ \cdots,\ 100(1.005)^{10},\ 100(1.005)^{11},\ 100(1.005)^{12}$$

이렇게 보니 이 수들은 초항이 $100(1.005)$이고, 공비가 1.005인 등비수열*이네요. 일단 등비수열이라는 사실을 알면 그 합을 구하기는 그리

* $100(1.005)^{12}$, $100(1.005)^{11}$, …의 순서로 나열해도 초항이 $100(1.005)^{12}$, 공비가 $(1.005)^{-1}$인 등비수열이 됩니다. 다만 계산의 편의를 위해 1.005의 거듭제곱이 작은 것부터 나열하였습니다.

어렵지 않습니다. 등비수열의 합은 공식*이 이미 알려져 있으니까요. 초항이 a, 공비가 r인 등비수열 n항까지의 합 S_n을 나타내는 공식은 다음과 같습니다.

$$S_n = \frac{a(r^n - 1)}{r - 1}$$

그러면 이 식에 앞의 초항과 공비, 항의 개수를 대입해보겠습니다.

$$S = \frac{100(1.005)\{(1.005)^{12} - 1\}}{1.005 - 1} = 100.5 \times \frac{(1.062 - 1)}{0.005} = 1{,}246.2(\text{만 원})$$

따라서 연 6%의 월 복리가 적용되는 적금에 매월 100만 원씩 12개월을 불입하면 그 원리합계가 약 1246만 원이 된다는 사실을 알 수 있습니다(단, 앞의 결과는 $(1.005)^{12}$를 근삿값인 1.062로 계산한 결과입니다. 따라서 1246만 원도 근삿값으로 이해해야 합니다. 실제 $(1.005)^{12}$는 1.062보다 약간 작은 수입니다).

계산 결과가 실제로도 잘 맞는지 포털 사이트에서 제공하는 금융 계산기를 이용해 결과를 확인해보겠습니다. 네이버에서 '금융 계산기'를 검색하여 접속해봅시다. 월 적립액 1,000,000원, 적금 기간 12개월, 연 이자율은 월 복리 6%, 아직 이자과세는 배우지 않았으므로 '비과세'를 적용해 계산하면, 다음과 같이 1239만 7,240원이라는 결과가 나옵니다. 우리가 계산한 1240만 원과 거의 비슷한** 값이 나오지요?

---

* 등비수열의 합 공식을 모르더라도 뒤에서 자세히 다룰 예정이니 지금은 그냥 그러려니 하고 넘어가길 바랍니다.

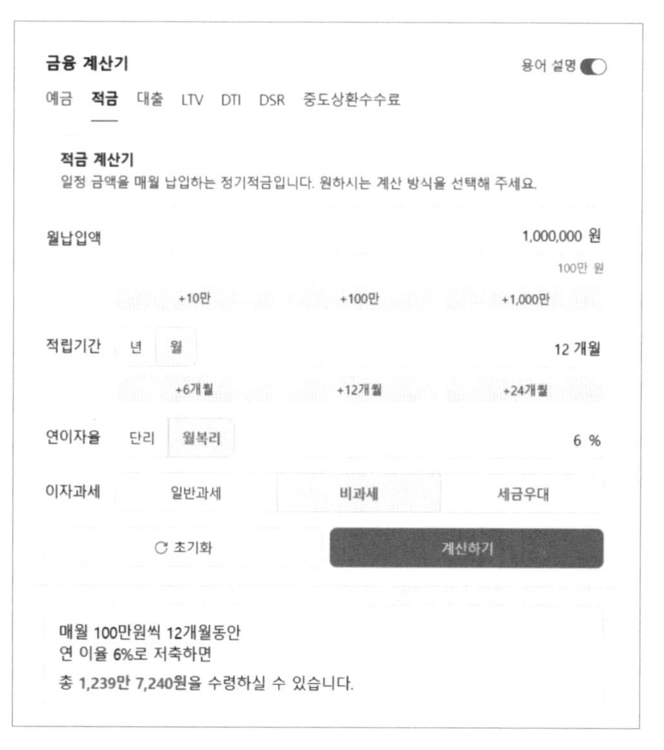

금융 계산기로 계산한 적금의 원리합계

지금까지 소개한 계산 방법은 일반적으로 적립금을 모을 때에도 적용할 수 있습니다. 예를 들어 매월 100만 원씩 주식을 사고 그 주식이 매월 0.5%씩 수익을 낸다고 가정해보겠습니다. 12개월 동안 이런 방법으로 돈을 모았을 때 원금과 수익의 합은 적금과 같은 방식으로 변화하기 때문에, 앞의 방법을 이용해서 구할 수 있습니다.

** 하나도 안 비슷한데? 라고 생각할 수도 있겠습니다. $(1.005)^{12}$의 근삿값을 1.062로 간단하게 계산해서 그렇습니다. $(1.005)^{12}=1.0616778$ 정도로 근삿값을 취하면 12,397,240원과 비슷한 결과가 나옵니다.

수학 시간에 주목할 부분은 적금이냐 주식이냐가 아니라, 본질적으로 돈을 모아가는 구조가 어떠한가입니다. 수학은 맥락보다는 구조를 보는 학문이니까요. 적금과 주식처럼 서로 다른 현상처럼 보이더라도, 본질적인 구조가 같다는 것을 파악하면 수학적으로는 같은 방법으로 문제를 해결할 수 있습니다.

같은 것을 다르게 표현하여 해답을 찾는 방법

여기에선 등차수열 및 등비수열의 합을 구하는 방법과 그에 관련된 이야기를 하고자 합니다. 수열이라는 특별한 함수에 대한 학교 수학의 관심사는 크게 두 가지로 생각해볼 수 있습니다. 첫 번째는 그 수열을 형성하는 일반적인 규칙이 무엇이냐 하는 문제입니다. 이런저런 조건을 주고 함수의 식을 찾아내는 문제와 일맥상통한다고 볼 수 있습니다. 예를 들어 어떤 일차함수의 그래프가 두 점 (1,2)와 (3,6)을 지날 때 이 일차함수의 식을 구하라는 문제는 $a_1=2$, $a_3=6$인 등차수열 $\{a_n\}$의 일반항을 구하라는 문제와 본질적으로 다르지 않습니다. 조건만 조금씩 달라질 뿐, 주어진 조건 속에 숨은 규칙을 찾으라는 문제이니까요.

두 번째는 수열의 항을 계속해서 더했을 때 그 수열의 합이 어떻게 되느냐 하는 문제*입니다. 수열이라는 함수의 정의역이 자연수이기 때문에 생각할 수 있는 문제이지요. 사실 수열의 합에 대한 관심은 뿌리가 깊습

* 더해지는 항은 유한개일 수도, 무한히 많을 수도 있습니다. 즉 $a_1+a_2+a_3+\cdots+a_n$을 구하는 문제일 수도, $a_1+a_2+a_3+\cdots$을 찾는 문제일 수도 있습니다. 후자의 문제는 극한을 배운 다음에 다룰 수 있습니다.

니다. 가령 흔히 알려진 ‘사람은 결승점을 통과할 수 없다’[*]는 ‘제논의 역설’도 사실은 등비수열의 합과 관련된 문제입니다. 그 밖에도 수열의 합에 대한 궁금증은 여러 맥락에서 자연스럽게 도출되고, 재미있는 결과를 만들어냅니다. 예를 들어 쉽게 떠올릴 수 있는 문제인 ‘n번째까지의 홀수의 합’의 결과는 흥미롭게도 n^2입니다. 이밖에도 수열의 합은 정적분의 값을 계산하는 데에도 사용됩니다. 이렇게 수열의 합은 수학의 여러 분야[**]에서 유용하게 활용되며 오랜 시간 수학의 주요한 문제로 다루어져 왔습니다.

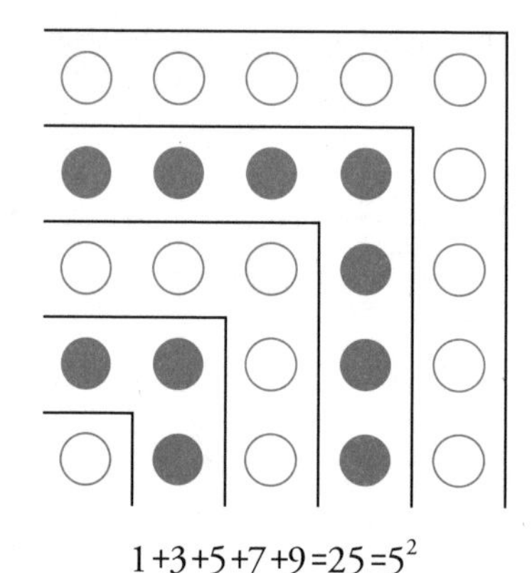

$1+3+5+7+9=25=5^2$

* 어떤 사람이 달리기를 할 때 결승점에 도달하려면 출발점과 결승점 사이의 $\frac{1}{2}$이 되는 중간점에 도달해야 하고, 그 다음에는 중간점과 결승점의 $\frac{1}{2}$에 해당하는 지점에 도달해야 한다. 이를 반복하면 이 사람은 무한히 계속되는 중간점에 도달함으로써 결승점에 가까워질 수는 있지만, 도달할 수는 없다.

** 특히 수열은 무한을 수학에 도입할 때 유용하게 사용됩니다.

같은 값을 서로 다른 방법으로 표현하기

이제 등차수열의 합을 구하는 방법을 알아보겠습니다. 아마 1부터 100까지의 수를 더하라는 문제를 천재적인 방법으로 해결한 수학자 가우스 Johann Carl Friedrich Gauß (1777~1855)의 이야기는 누구나 한 번쯤 들어보았을 것입니다. 그는 1부터 100까지의 수를 더한 값을 다음과 같은 방법으로 구했다고 합니다.

1) 구하고자 하는 합을 S라 하면, $S=1+2+\cdots+99+100$

2) 이때 $S=100+99+\cdots+2+1$과 같이 반대로 적더라도 결과는 같다.

3) 그러면

$$\begin{array}{r} S=1+2+\cdots+99+100 \\ +\ S=100+99+\cdots+2+1 \\ \hline 2S=101+101+\cdots+101+101 \end{array}$$

4) $2S$는 우변의 101을 100번 더한 것과 같으므로 $2S=101\times100=10100$

$$\text{따라서 } S=\frac{10100}{2}=5{,}050$$

이 풀이는 기본적으로 같은 값인 S를 서로 다른 두 가지 방법으로 표현한다는 아이디어에서 출발합니다. 이렇게 같은 것을 다르게 표현하여 유의미한 결과를 찾는 아이디어는 수학에서 대단히 자주 사용됩니다.*

* 예를 들어 중학교 1학년 때 배우는 방정식도 같은 것을 서로 다른 두 방법으로 표현한다는 아이디어에

등차수열의 합은 이와 똑같은 방법으로 구할 수 있습니다. 등차수열 $\{a_n\}$의 초항을 a, 공차를 d라 하면 n항까지의 수열의 합 S_n은 아래와 같이 두 방식으로 쓸 수 있습니다.

$$S_n=a+(a+d)+(a+2d)+\cdots+\{a+(n-2)d\}+\{a+(n-1)d\}$$
$$S_n=\{a+(n-1)d\}+\{a+(n-2)d\}+\{a+(n-3)d\}+\cdots+(a+d)+a$$

이때 가우스의 방법으로 두 식을 더하면, S_n을 구할 수 있겠지요.

$$2S_n=\{2a+(n-1)d\}+\{2a+(n-1)d\}+\{2a+(n-1)d\}$$
$$+\cdots\{2a+(n-1)d\}+\{2a+(n-1)d\}$$
$$=n\{2a+(n-1)d\}$$가 되어,

$$S_n=\frac{n\{2a+(n-1)d\}}{2}$$

이것이 등차수열의 합 S_n입니다.

등비수열의 합 또한 이와 유사한 방식으로 구할 수 있습니다. 등비수

기반한다고 볼 수 있습니다. 학교에서 도서관을 다녀올 때, 갈 때는 시속 3km의 속도로 걷고, 올 때는 시속 6km의 속도로 뛰어 이동 시간이 총 1시간이 걸렸다면, 학교와 도서관 사이의 거리는 얼마인지 묻는 문제를 푼다고 생각해봅시다. 이동 시간 1시간은 (시속 3km로 간 시간)과 (시속 6km로 온 시간)의 합이라고 표현할 수 있습니다. 표현은 다르지만 의미하는 바는 같기 때문에, 이 상황은 '(1시간) = (시속 3km로 간 시간) + (시속 6km로 온 시간)'이라는 등식으로 나타낼 수 있습니다. 이처럼 같은 것을 서로 다른 두 표현으로 나타낼 때 문제 해결의 실마리가 보입니다.

열 $\{a_n\}$을 초항이 a, 공비가 r인 등비수열이라고 하면, n항까지의 합 S_n는 다음과 같이 표현됩니다.

$$S_n=a+ar+ar^2+\cdots+ar^{n-2}+ar^{n-1}$$

그런데 이때에는 등차수열과 같은 방식으로 접근하면 크게 유의미한 결과가 나오지 않습니다. 순서를 거꾸로 쓰고 대응되는 항을 더했을 때 만들어지는 항들이 $a+ar^{n-1}$, $ar+ar^{n-2}$와 같이 서로 다르게 나타나니까요. 그래서 이때에는 S_n에 r을 곱한 뒤, S_n에서 rS_n을 빼는 방식을 이용합니다.

$$\begin{aligned} S_n &= a+\cancel{ar}+\cancel{ar^2}+\cdots+\cancel{ar^{n-2}}+\cancel{ar^{n-1}} \\ -rS_n &= \quad\ \cancel{ar}+\cancel{ar^2}+\cdots+\cancel{ar^{n-2}}+\cancel{ar^{n-1}}+ar^n \\ \hline (1-r)S_n &= a \qquad\qquad\qquad\qquad\qquad\qquad -ar^n \end{aligned}$$

위 식을 S_n에 대한 식으로 정리하면, 등비수열의 합 $S_n=\frac{a(1-r^n)}{1-r}=\frac{a(r^n-1)}{r-1}$을 얻을 수 있습니다.

학생들을 지도하다 보면 학생들이 이러한 증명은 기억하지 못한 채 공식만 결과적으로 기억하는 경우를 종종 봅니다. 그러나 수학의 핵심적인 아이디어(같은 것을 서로 다른 방식으로 표현한다 등)나 수학적 사고방식은 위와 같은 증명으로 논리를 전개하는 과정에서 체득되는 경우가 많습니다. 그러니 수학을 공부할 때는 결과를 외우는 것에 집착하지 말고 도출 과정을 진득하게 따라가보기를 권합니다.

예금과 적금 속 숨은그림찾기

여기에선 앞서 다루지 못한 예금과 적금을 설명해보려고 합니다. 우선은 단리와 복리 이야기입니다. 앞서 적금을 설명하면서는 복리를 적용한 상황을 다루었습니다. 실제 고등학교 〈경제 수학〉 교과서에도 적립금 계산은 주로 복리를 적용한 적금을 예로 드는 경우가 많습니다. 일정 금액을 일정 기간 적립해가는 적금이 가장 친숙할 테고, 적립금 형태의 원리합계를 복리를 이용한 계산으로 배우는 게 차후에 다른 맥락에 응용하기가 좋기 때문이겠지요.

하지만 현실적으로 적금은 단리를 적용하는 경우가 더 많습니다. 금융감독원에서 운영하는 '금융상품한눈에'[2]에서는 다양한 금융상품을 손쉽게 검색하고 비교할 수 있습니다. 여기에서 이자 계산 방식을 '단리'로 적용해서 검색하면, 총 5,172건의 검색 결과를 얻을 수 있습니다. 한편 이자 계산 방식을 '복리'로 적용해 검색하면 총 87건의 검색 결과가 나옵니다. 단리를 적용한 적금 상품이 복리를 적용한 상품보다 무려 59배 이상 많다는 사실을 알 수 있습니다(2024년 4월 5일 검색한 기준입니다).

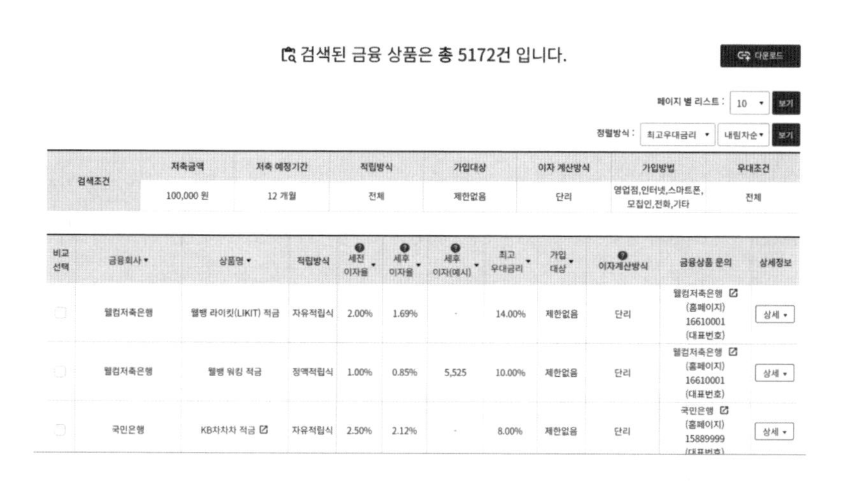

검색된 금융 상품은 **총 5172건** 입니다.

다운로드

페이지 별 리스트 : 10 보기

정렬방식 : 최고우대금리 내림차순 보기

검색조건	저축금액	저축 예정기간	적립방식	가입대상	이자 계산방식	가입방법	우대조건
	100,000 원	12 개월	전체	제한없음	단리	영업점,인터넷,스마트폰, 모집인,전화,기타	전체

비교 선택	금융회사	상품명	적립방식	세전 이자율	세후 이자율	세후 이자(예시)	최고 우대금리	가입 대상	이자계산방식	금융상품 문의	상세정보
	웰컴저축은행	웰뱅 라이킷(LIKIT) 적금	자유적립식	2.00%	1.69%	-	14.00%	제한없음	단리	웰컴저축은행 (홈페이지) 16610001 (대표번호)	상세
	웰컴저축은행	웰뱅 워킹 적금	정액적립식	1.00%	0.85%	5,525	10.00%	제한없음	단리	웰컴저축은행 (홈페이지) 16610001 (대표번호)	상세
	국민은행	KB차차차 적금	자유적립식	2.50%	2.12%	-	8.00%	제한없음	단리	국민은행 (홈페이지) 15889999 (대표번호)	상세

검색된 금융 상품은 **총 87건** 입니다.

다운로드

페이지 별 리스트 : 10 보기

정렬방식 : 최고우대금리 내림차순 보기

검색조건	저축금액	저축 예정기간	적립방식	가입대상	이자 계산방식	가입방법	우대조건
	100,000 원	12 개월	전체	제한없음	복리	영업점,인터넷,스마트폰, 모집인,전화,기타	전체

비교 선택	금융회사	상품명	적립방식	세전 이자율	세후 이자율	세후 이자(예시)	최고 우대금리	가입 대상	이자계산방식	금융상품 문의	상세정보
	디비저축은행	M-With 유 정기적금(모바일)	정액적립식	4.00%	3.38%	22,199	6.50%	제한없음	복리	디비저축은행 (홈페이지) 16004902 (대표번호)	상세
	하나저축은행	정기적금	정액적립식	3.90%	3.30%	21,668	6.30%	제한없음	복리	하나저축은행 (홈페이지) 18991122 (대표번호)	상세
	애큐온저축은행	다모아자유적금2	자유적립식	2.50%	2.12%	-	5.00%	제한없음	복리	애큐온저축은행 (홈페이지) 15886161 (대표번호)	상세

단리와 복리를 적용한 적금의 수 비교

(출처: 금융상품한눈에, 2024. 4. 5. 기준)

위와 같이 적금은 단리를 적용하는 경우가 많아서 장기간 적금을 유지하더라도 복리에 따른 수익 상승을 기대하기는 어렵습니다. 복리의 혜택을 누리고 싶다면 한 적금을 오래 유지하지 말고, 적금 만기에 받은 원금과 이자를 부지런히 다른 예·적금에 다시 저축해야 합니다. 그래야 내가 받은 이자에 복리로 이자가 붙으니까요. 단리를 주로 사용하는 적금의 특징 때문에 적금보다는 예금을 여러 개 드는 방식을 선호하는 사람들도 있습니다. 소위 '풍차돌리기'라고 부르는 방법이지요. 하나의 적금통장에 매달 10만 원씩 불입하는 대신, 매월 10만 원짜리 정기예금을 새로 만들어 1년간 유지한 후, 만기가 된 예금을 이자와 함께 다시 정기예금에 가입하는 방식으로 복리를 만들어내는 방법입니다.

예금과 적금의 금리를 비교해보는 것도 의미 있는 일입니다. 앞서 적금이 예금보다 금리가 높은 경우가 많다고 소개했습니다. 하지만 이자율만 가지고서는 나의 상황에 무엇이 더 합리적인지 판단을 내리기 어렵습니다. 앞서 말했듯 예금과 적금은 원리합계가 계산되는 방식이 다르니까요. 같은 금액과 같은 이자율이라면 예금의 이자가 더 많습니다. 하지만 일정 수준 이상으로 적금의 이자율이 높아지면 적금의 이자가 더 많아지기도 합니다. 그러니 예·적금의 이자율이 차이가 많이 나는 상황이라면, 실제로 이자를 계산해보고 상품에 가입하는 과정이 필요합니다.

마지막으로 세금 이야기를 하겠습니다. 예금이나 적금을 만기까지 유지해서 이자를 받아 보면, 예상보다 이자가 더 적은 경우가 종종 있습니다. 예를 들어 연 5% 이자를 제공하는 예금상품에 1000만 원을 저축하면 예상 원리합계는 1050만 원이지요. 그런데 실제로 받는 돈은 1042만 3,000원으로 예상 금액보다 적습니다. 이때 사라진 7만 7,000원이 바로

숨은그림찾기: '세전'이라는 말이 어디 있을까?

(출처: IBK저축은행)

정부와 지방정부에 낸 세금입니다.

우리나라에서는 이자로 생긴 소득에 대해서 15.4%의 세금을 부과합니다. 즉 이자로 100만 원을 벌었으면 15.4%인 15만 4,000원은 세금으로 내야 한다는 말이지요. 따라서 예적금 상품을 고를 때, 특히 '정기예금 특판'과 같은 홍보지를 보고 상품을 고를 때에는 작게 적혀 있는 '세전' 혹은 '세후' 같은 글자를 잘 보아야 합니다. 세전은 세금을 떼기 전, 세후는 세금을 떼고 난 후라는 말입니다. 5%의 금리를 준다고 하더라도, 세금을 고려하면 실제로 받는 이자가 5%보다 더 작아지니까요.* 물론 그

---

* 사실 세전이라고 써주면 친절한 편입니다. 보통은 당연히 세전이라고 생각하여 적어두지 않는 경우도 많습니다.

검색결과 재 공시정보(재무상황, 리스크정보) 소 소비자보호실태평가 결과 핵 핵심경영지표(기초 재무정보, BIS비율 등) 엑셀 출력하기

은행	상품명	기본금리(단리이자 %)	최고금리(우대금리 포함,단리이자 %)	상세 정보	전월취급 평균금리 (만기 12개월 기준)
KDB산업은행 재 소 핵	정기예금	2.70	2.70	보기	2.70
KDB산업은행 재 소 핵	KDB 정기예금	3.35	3.45	보기	3.60
NH농협은행 재 소 핵	NH올원e예금	3.23	3.23	보기	3.52
NH농협은행 재 소 핵	NH내가Green초록세상예금	3.15	3.55	보기	3.43
신한은행 재 소 핵	쏠편한 정기예금	2.95	3.00	보기	3.54
우리은행 재 소 핵	WON플러스예금	3.00	3.00	보기	3.55
하나은행 재 소 핵	하나의정기예금	2.70	3.00	보기	3.61
IBK기업은행 재 소 핵	IBK평생한가족통장(실세금리정기예금)	3.50	3.70	보기	3.52
IBK기업은행 재 소 핵	1석7조통장(정기예금)	3.24	3.24	보기	3.44
KB국민은행 재 소 핵	KB Star 정기예금	2.70	2.80	보기	3.53
DGB대구은행 재 소 핵	DGB행복파트너예금(일반형)	3.18	3.63	보기	3.01

은행연합회 홈페이지[3]에서는
예금상품의 금리를 비교하여 조회할 수 있다.

외의 상황에서도 항상 이자에는 세금이 납부된다는 사실을 고려하여 재무 목표를 세워야 하겠지요.

대출과 할부

한 달에 얼마씩 내놓으라고요?

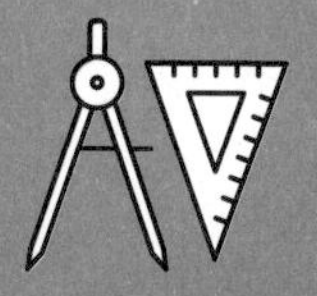

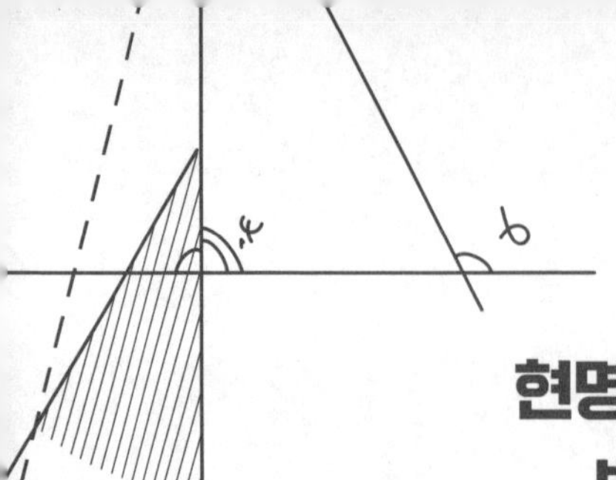

현명하게 빚을 내는 방법이 있다?

저는 어릴 때 누군가에게 빚을 지면 큰일이 나는 줄 알았습니다. 빚은 가난과 나태의 상징이고, 계획적이지 못하고 충동적인 삶의 증거이며, 빚이 있으면 떳떳하게 살아갈 수 없는 줄 알았거든요. 나이를 먹으며 그런 생각은 많이 옅어졌지만, 그럼에도 누군가에게 돈을 빌리는 일이 어딘가 바람직하지 않다는 생각은 여전히 마음 깊은 곳에서 잘 떠나질 않습니다.

하지만 돈이 아니라 다른 것을 빌린다고 생각하면 어떨까요? 예를 들어 여행을 갈 때 우리는 숙소를 잡습니다. 이때 '잡는다'고 표현하지만 사실 일정한 금액을 주고 일정 기간 묵을 곳을 빌리는 겁니다. 여행을 간다고 해서 여행지에서 집을 사는 사람은 없죠. 교통수단이 마땅치 않다면 렌터카를 빌릴 수도 있습니다. 일정한 시간에 일정한 금액을 내고 차를 빌려 타는 일도 딱히 거부감이 들지 않습니다. 유럽 여행을 갈 때 유럽에서 차를 사서 타는 사람은 거의 없을 테니까요.

돈도 마찬가지입니다. 내가 당장 돈이 필요한데 그만한 돈이 없다면, 차가 필요할 때 차를 빌리는 것처럼 돈을 빌려서 쓰면 됩니다. 약속된 시기에 약속된 사용료(이자)와 함께 제대로 갚기만 하면 되지요. 물건을 빌려 쓰는 데 죄책감이 안 생기듯이, 돈을 빌려 쓰는 데에도 부정적인 인상을 가질 이유는 없습니다.

다만 자신이 갚을 수 있는 능력 이상으로 돈을 빌려 쓰는 일은 조심해야 합니다. 약속한 이자를 제때 지불하지 못하면, 그 결과로 더욱 큰 경제적 어려움이 돌아올 테니까요. 그러니 돈을 빌려 쓰더라도 매월 갚아야 할 돈이 얼마인지, 자신의 능력으로 감당할 수 있는 금액인지 등을 진지하게 고민해봐야 하겠습니다.

——— 갚을 수 있는 능력 = 갚아야 할 정확한 사용료

능력에 맞게 돈을 빌리려면 빚을 낼 때 자신이 매월 어느 정도의 금액을 갚아나갈 수 있는지를 파악해야 합니다. 이때 자신이 갚을 수 있는 금액의 범위를 '상환능력'이라고 합니다. 자신의 상환능력을 객관적으로 파악하여 적합한 수준으로 대출을 내야 빚으로 인한 어려움을 예방할 수 있습니다.

문제는 이 상환능력을 가늠하는 일이 생각보다 복잡하다는 점입니다. 예를 들어 제가 5억 원짜리 집을 사기 위해 집값의 80%인 4억 원을 연 6%의 복리 이자로 30년간 대출을 낸다고 해보겠습니다. 상환능력이 있는지 없는지는 '매월 갚아야 할 금액'과 월 소득을 비교해보면 되겠지요.

'매월 갚아야 할 금액'은 어떻게 계산할까요? 이해를 돕기 위해 매월 일정 금액을 상대에게 갚는 것이 아니라, 다른 곳에 모아 두었다가 30년 후

한 번에 갚기로 약속했다고 가정하겠습니다. 그러면 매월 갚아야 할 금액이 아니라 매월 모아야 할 금액 정도가 되겠네요.

이제 돈을 빌려준 사람의 입장에서 생각해봅시다. 저에게 돈을 빌려준 사람은 30년 후 원금 4억 원과 그에 해당하는 30년 치 이자를 받길 기대할 겁니다. 돈을 빌려준 사람 입장에선 30년간 4억 원을 연 복리 6%의 정기예금에 넣어둔 것과 같은 상황이죠. 이때의 원리합계가 곧 제가 갚아야 할 액수입니다. 이를 S_1라고 해보죠.

다시 돈을 갚는 입장으로 돌아갑시다. 매월 A원씩 30년간 모은 돈이 S_1이 되면 30년 후에 빌린 돈을 모두 상환할 수 있겠죠? 이때 돈을 모으는 방법이 중요합니다. 매월 A원씩 30년간 모아서 $30 \times 12 \times A = 360A$를 만들 수도 있겠지만, 이건 좀 미련한 짓이죠. 이러면 내가 빌린 돈은 연 6%의 복리가 붙어서 불어나는데 내가 갚는 돈에는 이자가 안 붙잖아요. 그러니 이 A원을 같은 이율이 적용되는 적금*에 30년 동안 넣어서 모아봅시다. 이렇게 모은 적금의 원리합계를 S_2라고 할게요.

최종적으로 30년 후에 $S_1 = S_2$가 되면 돈을 모두 갚을 수 있습니다. 이때 모아야 하는 S_2의 금액을 거꾸로 계산하면 매월 모아야 할 금액 A를 구할 수 있습니다. 이 돈을 곧 매월 갚아야 하는 금액으로 생각해도 무방합니다. 내가 적금을 드는 대신 상대가 적금을 든다고 생각하면 되니까요. 대출금을 갚을 때 매월 갚아야 할 상환액은 이러한 방식으로 계산합니다.

---

* 실제 적금과 다른 점은, 마지막 달에 넣는 돈에는 이자가 붙지 않는다는 겁니다. 이건 뒤에서 다시 설명하겠습니다.

현재가치와 할인율을 알아야 하우스푸어를 면한다

이제 구체적인 수식을 보면서 월 상환액을 계산하는 방법을 알아봅시다. 앞서 대출 상환액의 계산 방법을 설명할 때 돈을 모두 갚는 미래 시점을 기준으로 했었지요? 그러나 이러한 계산은 현재의 가치를 기준으로 하지 않기 때문에, 현재 시점에서 이루어지는 의사결정에 직관적인 정보를 제공하기 어렵다는 한계가 있습니다. 그러니 월 상환액을 현재 시점으로 계산하는 방법을 알아둘 필요가 있습니다. 이를 이해하는 데 필요한 개념이 '현재가치'와 '할인율'입니다.

현재 가진 A원으로 미래에 B원의 돈을 만들 수 있는 상황을 생각해볼까요? 정기예금을 들어 돈의 가치가 변한 상황이라고 보면 적절합니다. 이때 B원은 A원을 이용해 미래에 만들 수 있는 돈이므로, A원의 **미래가치**라고 부릅니다. 반대로 A원은 앞으로 B원이 될 돈이 가진 현재의 가치이므로, B원의 **현재가치**라고 부릅니다. 앞에서 미래가치를 구할 때 현재의 원금에 이율을 곱해서 계산했지요. 현재가치는 반대로 미래가치를 이율로 나누어 계산합니다. 예를 들어 연 10%의 이자를 제공하는 정기예금에 2년간 100만 원을 저축했다면, 2년 후의 원리합계 S는 다음과 같이 계산할 수 있습니다.

$$S=100(1.1)^2$$

이때 계산된 S는 100만 원의 미래가치이고, 121만 원이 됩니다. 반면 현재가치는 앞으로 내가 121만 원을 얻기 위해 현재 얼마를 입금해야 하는지에 대한 질문의 답입니다. 현재 입금할 돈(원금)을 모르기 때문에 A라고 두고, S=121만 원인 상황을 식으로 표현해볼까요?

$$121=A(1.1)^2$$

이를 A에 대한 식으로 정리하면, 현재가치를 구하는 식의 원리가 보입니다.

$$A=\frac{121}{(1.1)^2}=100$$

결론적으로 미래가치를 정해진 기간만큼 이율로 나눈 식이 되지요. 이때 미래가치로 현재가치를 구할 때 적용한 이자율을 '할인율'이라고 합니다. 이렇게 보면 할인율이나 수익률이나 결국엔 이율을 상황에 따라 다른 방법으로 부른 것으로 생각할 수 있습니다.

월 상환액 구하는 방법: 미래가치를 기준으로

이제 본격적으로 대출의 상환액을 계산하는 방법을 알아봅시다. 먼저 미래가치를 기준으로 계산하는 방법을 살펴보겠습니다. 미래가치를 기준으로 대출금의 상환을 계산할 때는 갚아나가는 돈을 따로 적립하여, 그 적립금의 원리합계가 대출금의 원리합계와 일치할 때 빚을 한 번에 갚는다고 생각하면 됩니다. 이를 그림으로 나타내면 다음과 같습니다(n개월 동안 r%의 복리를 적용하여 대출하고, 매월 A원을 갚는다고 생각한 경우).

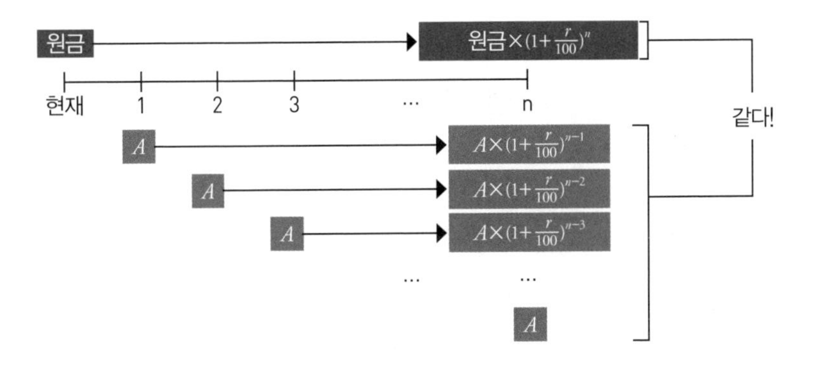

이때 빌렸던 대출금을 L이라 하면, 대출금의 원리합계는 $L\left(1+\frac{r}{100}\right)^n$이고, 매월 상환하는 금액의 합은 초항이 A, 공비가 $\left(1+\frac{r}{100}\right)$, 항의 개수가 n개인 등비수열의 합으로 볼 수 있습니다.

$$L\left(1+\frac{r}{100}\right)^n=\frac{A\left\{\left(1+\frac{r}{100}\right)^n-1\right\}}{\left(1+\frac{r}{100}\right)-1}=\frac{A\left\{\left(1+\frac{r}{100}\right)^n-1\right\}}{\frac{r}{100}}$$

이때 주의해야 할 점은 적금의 계산과 달리 마지막 달에 입금하는 A원에 대해서는 이자를 붙이지 않는다는 점입니다.* 마지막 식에서 L, r, n은 모두 알려진 값이므로 이를 대입하여 거꾸로 계산하면 A의 값을 찾을 수 있겠지요?

월 상환액 구하는 방법: 현재가치를 기준으로

이제 현재가치를 기준으로 월 상환액을 구해봅시다. 현재가치를 기준으로 계산할 때는 현재의 대출금과 앞으로 갚아나갈 돈의 현재가치 합이 같도록 식을 만들어 계산합니다. 그림으로 표현하면 다음과 같습니다.

현재가치를 기준으로 계산할 때 갚아야 할 금액은 원금 그대로입니다. 현재, 즉 지금을 기준으로 계산하기 때문에 대출금에 아직 이자가 붙지 않았다고 생각하면 됩니다. 대신 월 상환액을 A원이라고 하면, 각각의 A원에는 할인율을 적용해야 하겠지요. 한 달 후에 내가 낼 A원의 가치는 현재 A원보다 작을 테니까요. 당연히 먼 미래에 낼 A원일수록 할인율을 적용하여 그 값이 작아집니다. 그러므로 현재가치를 기준으로 계산할 때는 각각의 월 상환금에 할인율을 적용하여 이를 모두 합한 값이 현재의 대출금과 같도록 계산하면 됩니다.

---

* 마지막에 A원을 입금하여 대출을 다 갚을 수 있다면, 굳이 거기에 이자가 붙을 때까지 기다릴 필요가 없겠죠? 적금의 계산과 같은 방식을 사용하더라도, 맥락에 따라 수열의 첫 번째 항과 마지막 항을 잘 생각해야 합니다.

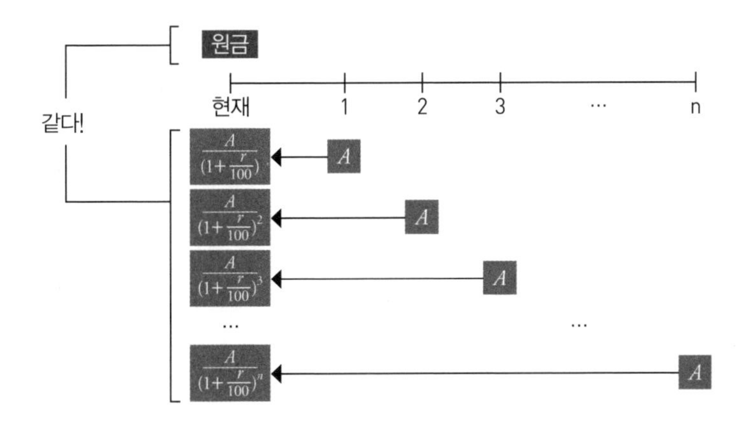

이때 앞에서처럼 빌린 대출금을 L이라 하고, 매월 상환하는 금액을 A라 하면, A의 현재가치 합은 $\frac{A}{\left(1+\frac{r}{100}\right)}, \frac{A}{\left(1+\frac{r}{100}\right)^2}, \cdots$ 과 같이 초항이 $\frac{A}{\left(1+\frac{r}{100}\right)}$, 공비가 $\frac{1}{\left(1+\frac{r}{100}\right)}$, 항의 개수가 n인 등비수열의 합이 되므로, 위의 상황*은 아래 식으로 정리해볼 수 있습니다.

$$L=\frac{A\left(1+\frac{r}{100}\right)^{-1}\left\{1-\left(1+\frac{r}{100}\right)^{-n}\right\}}{1-\left(1+\frac{r}{100}\right)^{-1}}$$

앞서 미래가치로 구한 식과 달라 보이지만, 사실 구하는 방법이 다를 뿐 조금만 정리하면 같은 결과를 만들어낼 수 있습니다.

그러면 이 식을 이용해 앞서 언급했던 4억 원을 연 6%의 이자로 30년간 대출하는 경우 매월 얼마를 갚아야 하는지 계산해보겠습니다. 연 6%라면 월

* $\frac{1}{a}=a^{-1}$으로 표현합니다.

이율 0.5%에 해당하고, 30년은 360개월로 환산됩니다. $1.005^{-360}=0.166$이라 하고, 앞의 현재가치 식에 대입해보겠습니다.

$$4\text{억}=\frac{A(1+0.005)^{-1}\{1-(1+0.005)^{-360}\}}{1-(1+0.005)^{-1}}$$

$$=\frac{A\{1-(1+0.005)^{-360}\}}{0.005}$$

$$=\frac{A(1-0.166)}{0.005}=166.8A$$

계산하면 $A=2{,}398{,}081.53\cdots\fallingdotseq240$(만 원) 정도가 나옵니다. 즉, 4억 원을 연 6% 이자로 30년간 대출해서 집을 사려면 적어도 매월 원리금 240만 원을 갚아나갈 수 있을 만큼의 수익이 있어야 한다는 말입니다.

그러면 4억 원이 필요하지만 매월 240만 원을 갚을 여력이 안 된다면 어떻게 해야 할까요? 이때는 욕심을 줄여 대출을 적게 받거나, 더 낮은 이율을 적용할 방법을 찾아보아야 합니다. 그래야 건전하게 대출을 갚아나갈 수 있을 테니까요. 실제로 정부에서는 집 구매를 위해 대출을 낼 때 개인의 소득이나 집값 등을 고려하여 대출에 제한을 두기도 합니다. 개인이 감당할 수 없는 빚을 내거나 더 큰 경제적 위험에 빠지지 않도록 돕는 셈입니다. 자신의 능력을 파악하여 과도한 빚을 내지 않고 건전한 금융 생활을 하기 위해서라도 금융 지식, 수학적 지식은 필요하겠죠?

왜 현재가치 계산을 할 수 있어야 할까?

사실 현재가치 계산은 역수를 사용해서 다소 복잡해 보입니다. 그럼에도 현재가치 계산은 유용합니다. 그렇다면 미래가치로도 계산할 수 있는데 왜 굳이 복잡한 현재가치 계산을 할 수 있어야 할까요?

현재가치 계산의 유용성을 설명하기 전에 할부 얘기를 먼저 하겠습니다. 할부란 물건을 구매할 때 물건값을 바로 내지 않고 몇 번에 나누어 결제하는 방법을 말합니다. 마트에 가면 종종 "몇 개월로 하시겠어요?" 하는 질문을 받는데, 이는 곧 할부를 몇 개월로 하겠냐는 말입니다.

할부는 수학적*으로는 대출과 같은 구조를 가집니다. 300만 원짜리 가구를 12개월 할부로 산다고 생각해봅시다. 할부로 결제하면 구매자는 금융사에 300만 원의 빚을 진 상황이 됩니다. 할부는 이 빚을 12개월 동안 갚아나가는 대출이라고 볼 수 있습니다. 따라서 할부에도 이자가 붙지요. 할부로 갚는 돈이 총 얼마인지, 매월 얼마의 금액을 갚아야 하는지 등은 할부 금리와 기간, 물건의 금액 등을 고려하여 대출과 같은 방식으로 계산할 수 있습니다.

이제 현재가치 계산의 유용성 얘기로 돌아갑시다. 예를 들어 청소기를 사러 전자상가에 갔다고 생각해봅시다. 한 상인이 말합니다.

---

* 대출의 경우 소비자가 금융사로부터 돈을 빌려 판매자에게 직접 돈을 지불한 뒤, 금융사에 원리금을 상환하는 방식입니다. 할부는 금융사가 판매자에게 돈을 지불하고, 소비자가 금융사에게 원리금을 상환하는 방식입니다. 다만 소비자 입장에서 볼 때 돈을 상환하는 구조는 할부나 대출이나 대동소이합니다.

“60만 원짜리 청소기를 할인 판매하고 있습니다. 할부로 하면 12개월 무이자, 일시불로 하면 5만 원 할인해서 55만 원에 살 수 있습니다. 손님이 원하는 대로 결제 방법을 골라보세요.”

언뜻 생각해서는 12개월 무이자 할부가 좋은지 5만 원 할인이 좋은지 쉽게 판단이 서지 않습니다. 그렇다면 12개월 무이자 할부를 했을 때 실제로 할인받는 금액이 얼마인지 계산해보아야 하겠지요. 60만 원을 12개월 무이자 할부로 내면 매월 내는 금액은 5만 원이고(60만 원÷12개월), 12개월 동안 낼 상환금의 할인율*을 월 3%라 하면, 12개월 무이자를 할 때 청소기의 현재가치는 50만 원 정도라는 걸 알 수 있습니다($(1.03)^{-12}$=0.7로 계산했습니다).

$$L=\frac{50000(1.03)^{-1}\{1-(1.03)^{-12}\}}{1-(1.03)^{-1}}=\frac{50000\times(1-0.7)}{1.03-1}$$

$$=50000\times\frac{0.3}{0.03}=500{,}000(\text{원})$$

결국 12개월 무이자 할부가 5만 원 할인보다 더 싼 거죠. 따라서 12개월 무이자 할부로 결제하는 게 이익입니다.

미래가치로도 같은 계산을 할 수 있습니다. 이때에는 현재 내야 할 55만 원의 미래가치와 12개월 동안 낼 5만 원의 원리합계를 비교해보아야 합니다. $(1.03)^{12}$=1.43이라 하면, 위와 같은 상황에서 55만 원의 미래가치는

---

* 만약 무이자 할부가 아니라면 적용되었을 이율로 생각하면 적당합니다.

$550000(1.03)^{12}$=78만 6,500원입니다. 한편 12개월 동안 낼 5만 원의 원리합계는 71만 6,700원이지요.

$$\frac{50000\times\{(1.03)^{12}-1\}}{1.03-1}=\frac{50000\times0.43}{0.03}=71666.666\cdots\fallingdotseq716,700(\text{원})$$

이때도 12개월 무이자로 내는 경우가 더 이익이네요.

앞과 뒤의 계산 중 어떤 것이 더 직관적으로 다가오나요? 앞에서는 현재를 기준으로 50만 원과 55만 원을 비교했고, 뒤에서는 미래를 기준으로 71만 6,700원과 78만 6,500원을 비교했습니다. 아마 대부분 앞서 계산한 50만 원과 55만 원의 비교가 더 쉽고 직관적이라고 느낄 것 같네요. 보통 의사결정을 할 때 현재를 기준으로 판단하니까요. 사람은 현재 시점에서 무엇이 더 이익인가를 판단하는 게 더 익숙하다는 말이죠. 이러한 점에서 현재가치를 이용한 계산이 미래가치를 이용한 계산보다 유용할 때가 있다는 것을 알 수 있습니다.

연금

'가늘고 길게'와 '굵고 짧게'의 차이

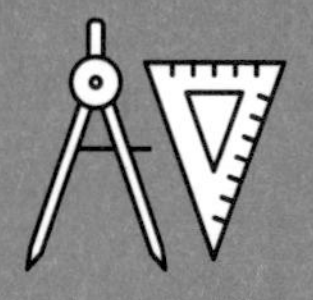

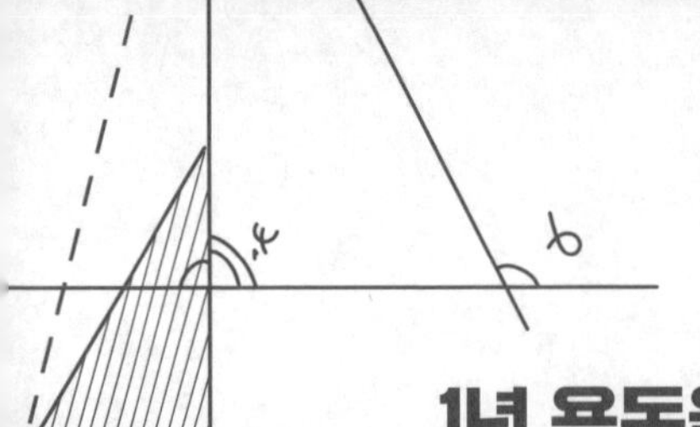

1년 용돈을 한꺼번에 준다는 제안을 받는다면?

매월 부모님께 용돈을 받아본 사람이라면 한 번쯤 1년 용돈을 연초에 한 번에 받을 수 있으면 좋겠다고 생각해본 적이 있을 것 같습니다. 예를 들어 매달 5만 원씩 용돈을 받는다면 12개월 용돈 60만 원을 한 번에 당겨서 받는 겁니다. 그러면 평소 용돈으로는 사지 못했던 비싼 물건을 살 수도 있고, 60만 원을 은행에 저축하거나 주식을 사서 돈을 불릴 수도 있겠지요. 즉 60만 원을 한 번에 받으면 용돈을 당겨 받은 시간만큼의 이익이 생긴다고 볼 수 있습니다.

그런데 용돈을 주는 입장에서는 60만 원을 한 번에 주는 것이 손해라는 생각이 듭니다. 그러니 용돈을 주시는 부모님 입장에서는 이런 제안을 할 수 있겠지요.

"용돈을 한 번에 주면 실질적으로 너에게는 더 이익이 되잖니. 그러면 나에게는 손해가 되는 거지. 그러니 용돈을 한 번에 주는 대신, 60만 원보다 적은 용돈을 주는 게 합리적이겠구나. 얼마나 받으면 적당하겠니? 싫으면 말든가."

이러한 제안을 받고 손해를 보지 않으려면, 매월 5만 원씩 받는 용돈을 한 번에 받을 때의 적절한 가치를 계산할 수 있어야 합니다.

실제로 이런 판단은 직장에서 퇴직급여를 받을 때도 필요합니다. 근로자는 직장을 그만둘 때 일정한 조건을 충족하면 퇴직급여라는 일종의 보상을 받습니다. 이때 퇴직급여를 지급하는 방식은 크게 두 형태로 나뉩니다. 목돈을 일시에 지급하는 퇴직금과 일정 금액을 일정 기간에 나누어 지급하는 퇴직연금의 형태입니다. 만약 둘 중 하나를 선택해야 한다면, 어떤 경우가 자신에게 더 유리할지를 판단할 수 있어야 하겠죠?

20년 동안 받을 연금을 한 번에 받으면 얼마일까?

이러한 상황은 연금의 현재가치를 계산하는 상황으로 생각할 수 있습니다. **연금**이란 일정 기간, 혹은 영구한 기간에 걸쳐 매년 또는 일정 간격을 두고 행해지는 지불[4]을 말합니다. 연금 상품에 가입하면 은퇴 후 일정한 소득을 안정적으로 확보할 수 있습니다. 이때 연금 상품에 가입한다는 것은 일정한 수입이 있는 시기(은퇴 이전)에 연금을 운용하는 주체에 지속적으로 돈을 납입하여 목돈을 만들고, 은퇴 이후 연금 운용 주체로부터 일정한 금액을 약속된 기간에 일정 간격으로 받는다는 뜻입니다. 은퇴 이전에 돈을 모아 은퇴 이후의 생활에 보탬을 주는 상품인 만큼 주로 노후 보장에 이용하지요. 우리에게 익숙한 연금으로는 국민연금·공무원연금·군인연금 등 공적연금과 기타 금융기관이 운용하는 퇴직연금 등이 있습니다.

연금의 현재가치란 연금을 현재 시점에서 한 번에 받으려고 할 때*, 과연 얼마를 받는 것이 합리적인가 하는 질문에 따른 대답으로 볼 수 있습니다. 예를 통해 연금의 현재가치를 계산하는 방법을 알아보겠습니다.

현재가 연초이고, 20년 동안 매년 말에 1000만 원을 받을 수 있는 연금이 있다고 생각해봅시다. 이자율을 5%로 가정하면, 다음과 같이 연금의 현재가치를 계산할 수 있습니다.

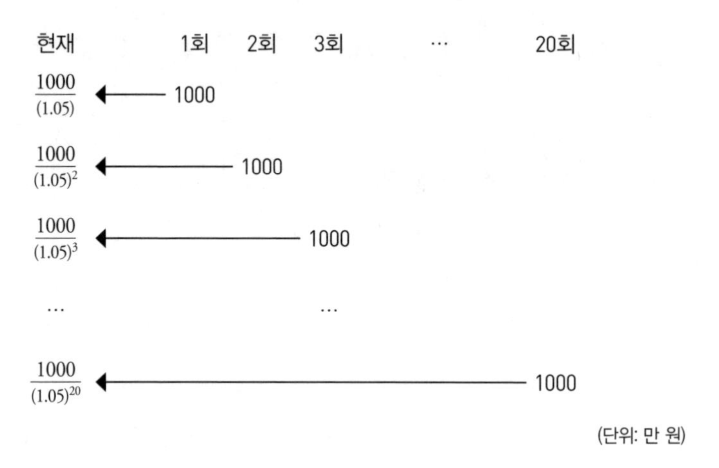

연금의 현재가치를 계산하려면 우선 매년 말에 받는 각각의 1000만 원의 가치를 현재 기준으로 계산해야 합니다. 이는 1000만 원에 이자율을 적용하여 할인하는 것과 같으므로 1년 후에 받는 돈은 1.05로, 2년 후

* 안정적인 수입을 만들려고 가입했던 연금을 왜 한 번에 찾으려고 하는지 의구심이 생길 수도 있겠네요. 사업을 위해 갑자기 많은 돈이 들거나, 가족의 갑작스러운 입원이나 이사 등으로 인해 '미래의 일정한 수입'보다 '현재의 목돈'이 더 필요한 경우를 생각해보면 될 것 같습니다.

에 받는 돈은 $(1.05)^2$으로 나누면 됩니다. 이렇게 20년 후에 받을 돈까지 계산해서 모두 더하면 됩니다. 즉 $\frac{1000}{1.05}+\frac{1000}{(1.05)^2}+\cdots+\frac{1000}{(1.05)^{20}}$이 연금의 현재가치가 됩니다. 이것은 첫째항이 $\frac{1000}{1.05}$이고 항의 개수가 20, 공비가 $\frac{1}{1.05}$인 등비수열의 합과 같겠지요(단, $(1.05)^{-20}$은 0.38로 계산했습니다).

$$S=\frac{\frac{1000}{1.05}\left\{1-\left(\frac{1}{1.05}\right)^{20}\right\}}{1-\frac{1}{1.05}}=\frac{1000\{1-(1.05)^{-20}\}}{0.05}$$

$$=\frac{1000(1-0.38)}{0.05}=12{,}400(\text{만 원})$$

단순히 수령액만 계산해보면 20년간 2억을 받을 수 있는 연금인데, 일시불로 계산하니 1억 2400만 원이 되었네요. 이와 같이 일반적으로 연금을 일시불로 수령하는 금액은 매월 받을 연금을 단순히 더한 금액보다 적습니다. 현재가치를 기준으로 연금을 계산하여 할인이 이루어지니까요.

이제 도입부에서 제시했던 문제에 답을 해봅시다. 현재가 1월 초이고, 용돈을 매월 말에 5만 원씩 받는다고 생각해보겠습니다. 만약 금리를 3%로 설정한다면, 매월 말 받을 용돈을 1월 초에 한 번에 받을 때의 현재가치는 다음과 같이 계산됩니다(단, $(1.03)^{-12}=0.7$로 계산했습니다).

$$S=\frac{\frac{5}{1.03}\left\{1-\left(\frac{1}{1.03}\right)^{12}\right\}}{1-\frac{1}{1.03}}=\frac{5(1-0.7)}{0.03}=50(\text{만 원})$$

결국 50만 원을 1월 초에 당겨쓸 것이냐 매월 5만 원씩 12개월 동안 받을 것이냐를 판단하는 문제이므로, 이제 자신의 계획과 소비 성향에 맞게 고르면 되겠습니다.

연금과 대출이 유사한 구조라고?

한편 연금의 현재가치를 계산할 때 기준을 연금을 최초로 수령하는 시점으로 잡을 수도 있습니다. 즉, 현재가 연초이고, 연금을 연초(지금)부터 받는다고 생각하면 됩니다(앞의 문제에서 현재는 연초이고, 연금은 연말에 받기로 했습니다). 이런 상황에서 연금을 최초로 수령하는 시점의 현재가치는 아래와 같이 계산할 수 있습니다.

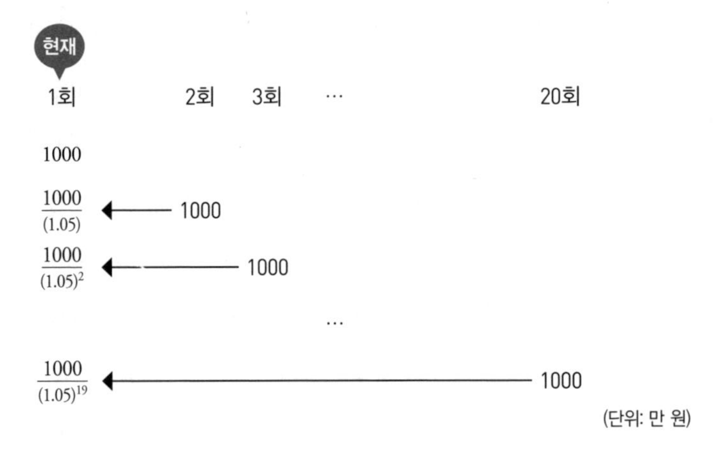

이때 기준시점에서 현재가치는 첫 번째 항이 1,000이고 항의 개수가 20, 공비가 $\frac{1}{1.05}$인 등비수열의 합과 같겠지요.

$$S=\frac{1000\{1-(1.05)^{-20}\}}{1-\frac{1}{1.05}}=\frac{1000(1.05)\{1-(1.05)^{-20}\}}{0.05}$$

$$=\frac{1000(1.05)(1-0.38)}{0.05}=13{,}020(\text{만 원})$$

앞의 경우보다 현재가치를 계산하는 시점이 늦어졌기 때문에, 연금의 현재가치가 더 크게 계산된다는 사실을 파악할 수 있습니다.* 이렇게 '현재', 즉 현재가치를 계산하는 시점에 따라 값이 다르게 계산되기 때문에, 연금의 현재가치를 계산할 때에는 시점을 언제로 잡느냐를 눈여겨보아야 합니다.

그런데 계산을 하면서 앞서 다루었던 대출의 상환액을 계산하는 방법과 연금의 현재가치를 계산하는 방법이 유사하다는 느낌, 혹시 받으셨나요? 이는 실제로 대출 상환과 연금 수령은 돈을 빌렸냐 빌려줬냐의 입장 차이만 있을 뿐 같은 구조를 갖기 때문입니다.**

서로 다른 상황에서 공통된 구조를 찾아내어 같은 방식으로 문제를 해결할 수 있음을 알게 되는 것이 수학의 힘입니다. 수학은 어려운 것을 간단하게 만들고, 서로 달라 보이는 것을 같아 보이게 만듦으로써 합리적이고 효율적인 문제 해결을 도우니까요.

---

* 보통 주기 초반에 연금을 받는 경우를 기수불 연금, 주기 말에 받는 경우를 기말불 연금이라고 합니다. 용어가 비슷해서 헷갈릴 수 있는데, 현재가치 문제를 해결할 때는 언제를 기준으로 현재가치를 계산하는지를 파악하면 됩니다.

** 연금의 경우 나의 목돈을 연금 운용 기관이 빌려서 나에게 매월 원금의 일부와 이자를 상환하는 제도라고 이해할 수 있습니다.

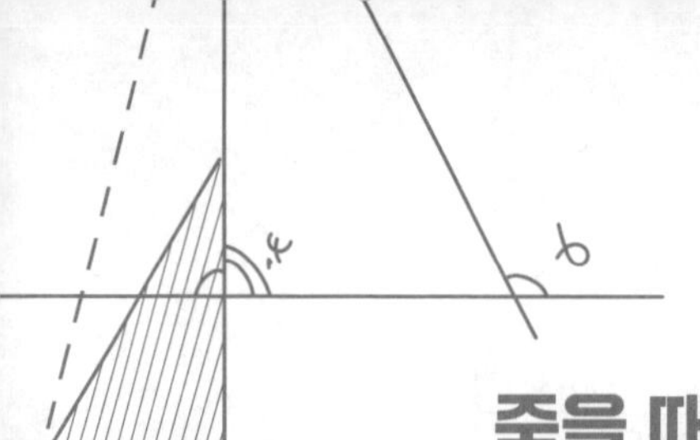

죽을 때까지 받는 연금은 계산법이 다르다

지금까지 연금의 현재가치를 계산하는 방법을 배워보았습니다. 그런데 연금 중에는 일정 기간에만 받는 연금이 아니라, 일정 시기부터 사망할 때까지 받는 연금도 있습니다. 종신연금이라고 하지요. 이러한 종신연금 또한 현재가치를 계산할 수 있습니다.

그런데 종신연금의 현재가치라고 하면 조금 이상한 느낌이 듭니다. 사망 시점이 언제일지 알 수 없는데 그 가치를 어떻게 특정할 수 있을까요? 연금을 수령하고 20년을 살지, 50년을 살지 알 수 없는 상황인데 그 현재가치를 계산한다니, 다소 어색한 느낌이 듭니다.

예를 들어 지금부터 매년 500만 원을 받을 수 있는 종신연금이 있다고 생각해보겠습니다. 연 이율은 5% 복리로 계산하겠습니다. 이때 이 종신연금의 현재가치를 식으로 쓰면 다음과 같습니다.

$$S=500+\frac{500}{(1.05)}+\frac{500}{(1.05)^2}+\cdots$$

마지막 항이 특정되었던 본문의 사례와 달리 종신연금에선 미래에 받을 돈의 현재가치가 계속 더해집니다. 즉, S의 값을 딱 얼마라고 구하고 싶은데, $\frac{500}{(1.05)^3}$, $\frac{500}{(1.05)^4}$, $\cdots$, $\frac{500}{(1.05)^{100}}$, $\cdots$ 과 같이 항이 계속 더해진다는 말이죠. 이래서야 S의 값을 구하기가 곤란합니다. 수학적으로는 이러한 문제를 어떻게 해결하는지 알아보겠습니다.

위 식을 잘 살피면 등비수열의 합인데 더해지는 항의 개수가 무한히 많다는 것을 알 수 있습니다. 이렇게 무한히 더해지는 등비수열의 합을 **무한등비급수**라고 부릅니다. 무한등비급수를 계산하는 방법은 다음과 같습니다.

(1) n항까지의 부분합 S_n을 구한다.
(2) 부분합 S_n에서 n이 무한히 커질 때 어떤 값에 가까워질지를 관찰한다.

앞의 예는 초항이 500이고 공비가 $\frac{1}{1.05}$인 등비수열이므로 n항까지의 부분합은 아래와 같은 식으로 정리됩니다.

$$S_n = \frac{500\left\{1-\left(\frac{1}{1.05}\right)^n\right\}}{1-\left(\frac{1}{1.05}\right)}$$

이제 n이 무한히 커질 때 어떻게 될지 추측해봅시다. S_n에서 n에 의해 바뀌는 부분은 $\left(\frac{1}{1.05}\right)^n$뿐이므로, 이 식이 어떻게 될지만 추측하면 됩니다. $\frac{1}{1.05} < 1$이므로, n이 충분히 크면 어렵지 않게 $\left(\frac{1}{1.05}\right)^n$이 0에 매우 가까워

질 것임을 알 수 있습니다(1보다 작은 값을 계속 곱하면 계속 작아집니다). 따라서 S_n에서 n이 충분히 클 때의 값을 S라고 하면, S는 이렇게 쓸 수 있습니다.

$$S = \frac{500}{1 - \left(\frac{1}{1.05}\right)}$$

계산을 마저 하면, 1억 500만 원을 얻을 수 있습니다. 생각보다 적은 돈이지요?

앞의 계산을 일반화하면 이런 결과를 얻을 수 있습니다. 초항이 a, 공비가 r, 항의 개수를 n이라고 했을 때 등비수열의 합은 $S_n = \frac{a(1-r^n)}{1-r}$이고, 만약 n이 무한히 커진다면 무한등비급수의 합은 $S = \frac{a}{1-r}$이다(단, $|r| < 1$). 무한등비급수의 합을 이용해 종신연금의 현재가치를 계산할 수 있는 셈이지요.

직관을 넘어서는 문제를 다루는 방법

사실 무한등비급수에 관련된 흥미로운 이야기는 많습니다. 잘 알려진 제논의 역설이 그중 하나이지요. 제논은 사람이 달리기를 하더라도 결승점을 통과할 수 없다고 주장했습니다. 결승점에 도달하려면 시작점과 결승점의 절반이 되는 중간점에 먼저 도달해야 하고, 다음엔 이 중간점과 결승점까지의 절반이 되는 중간점에 도달해야 하며, 그다음엔 다시 이 새로운 중간점과 결승점까지의 절반이 되는 중간점에 도달해야 하는데, 이

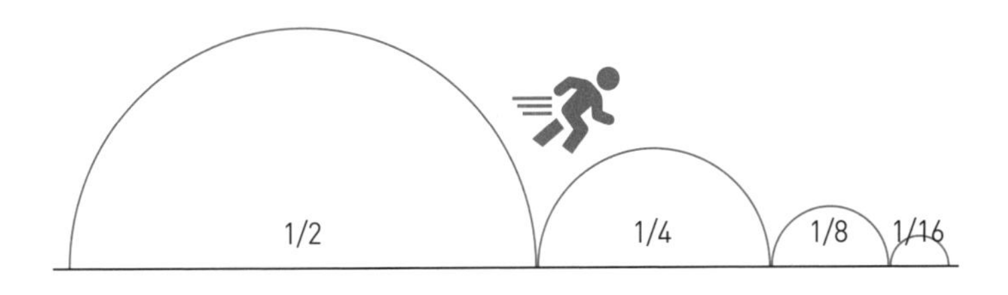

를 반복하면 무한한 시간이 지나더라도 결승점에 도착할 수는 없다는 것입니다. 이때 시작점과 도착점의 거리를 1이라 하면, 사람이 달리는 거리는 $\frac{1}{2}+\frac{1}{4}+\frac{1}{8}+\cdots$이 되는데, 이 합이 1이 되지 않는다는 말이죠.

유사한 내용으로, 0.999…=1이라는 등식을 둘러싼 논쟁이 있습니다. 0.999…는 0.999…=0.9+0.09+0.009+…와 같이 표현할 수 있는데, 아무리 작은 값을 더해가더라도 1이 되지 않는다는 주장입니다. 느낌이 앞선 종신연금의 현재가치 문제와 비슷하죠?

이러한 문제가 해결하기 어려운 근본적인 이유는 문제에 '무한'의 개념이 포함되어 있기 때문입니다. 직관으로는 쉽게 해결하기 어려운 부분이 문제에 포함되어 있다는 말이지요. 이를 해결하는 방법으로 무한등비급수 문제의 풀이에서는 문제를 직관이 닿을 수 있는 부분으로 끌고 옵니다. 즉, 무수히 많은 항의 합을 구해야 하는 본래의 문제를 n항까지의 합을 구하는 문제로 일단 바꾸고, 무한을 상상하기 쉬운 형태(S_n)로 만든 후 n이 무한히 크면 어떤 값이 될지를 생각한다는 말이지요.* 이는 곧 전

* 사실 극한에 관련된 여러 내용이 덧붙여져야 하지만, 여기서는 수학을 그렇게까지 깊게(?) 다루지 않기 때문에 간략하게만 작성했습니다.

체를 생각하기 어려울 때 문제를 축소하여 풀어본 뒤, 그 결과를 이용해 원래의 문제를 해결하는 아이디어이기도 합니다. 수학을 배우는 본질적 이유 중 하나는 이처럼 문제 해결을 위한 아이디어를 얻기 위해서라고도 볼 수 있습니다.

경제 리터러시

투자의 시대, 직장은 어떤 가치가 있을까?

2016~2020년에는 전 세계적으로 투자 열풍이 불었습니다. 이 시기에는 누구나 비트코인을 비롯한 가상화폐에 돈을 투자하면 대박을 낼 것만 같았고, 투자로 갑작스럽게 부자가 된 사람이 실제로 종종 등장하기도 했습니다. 2020년 이후에는 코로나 19의 영향으로 갑작스러운 자산가치 상승도 있었지요. 누구나 주식과 부동산에 돈을 투자해서 부자가 되어야만 할 것 같은 시기였고, 직장과 가정을 막론하고 주식거래와 재테크, 부동산에 관심이 쏠렸습니다. 이 흐름을 타지 못한 사람들은 '벼락거지[5]'라고 자조하며 상대적 박탈감을 느꼈다고 하지요.

이러한 과정에서 상대적으로 직장에만 충실한 사람은 시대에 뒤떨어졌다는 시선을 받았고, 젊을 때 자산을 마련하여 빠르게 은퇴하는 파이어*족이 각광을 받기도 했습니다. 성실하게 일하여 가치를 생산하는 이들이 있어야 경제가 돌아감에도 불구하고, 여러 방법으로 자산을 불리는

---

* Financial Independence와 Retire Early의 앞 글자를 딴 단어로 경제적 독립과 이른 은퇴의 합성어입니다.

일만이 훌륭한 일처럼 인식되는 풍조가 생긴 겁니다. 특히 이런 인식은 진학과 취업 등 미래를 준비하는 젊은 사람들에게 미묘한 감정을 불러일으켰습니다. 성실하게 공부해서 진학하고 취업해봐야 몇 푼 벌지도 못한다, 평생 힘들게 일해서 돈을 모아봐야 하룻밤에 코인으로 버는 게 더 많지 않느냐는 허탈감과 자포자기 같은 감정들이었지요.

그런데 안정적인 직장과 고정적인 수입은 사실 그 자체로 상당한 자산과 동등한 경제적 가치를 가집니다. 예를 들어 월 300만 원을 받는 직장인이 앞으로 20년간 무사히 직장에 다닐 수 있다고 생각해보겠습니다. 이자율을 연 6%로 하고 앞에서 다룬 연금의 현재가치 공식을 이용하면, 20년간 받을 월 300만 원의 현재가치는 4억 2210만 원이 됩니다(단, $(1.005)^{-240}=0.3$으로 계산하고, 월급날을 현재시점으로 잡았습니다). 직장을 갖는 것이 곧 4억여 원을 갖는 것과 비슷한 경제적 효과를 지닌다는 말이지요.

이 계산을 조금 더 확장해서, 월급과 근무 기간을 바꾸어가며 계산해보겠습니다(이자율은 연 6%로 동일합니다).

월급 \ 기간	10년	20년	30년	40년
200	18105	28056	33525	36531
300	27157	42084	50288	54797
400	36210	56111	67050	73063
500	45262	70139	83813	91328
600	54314	84167	100575	109594

(단위: 만 원)

그래프로 그려 기울기를 한번 볼까요?

그래프를 보면 월급이 200만 원일 때보다 600만 원일 때 시간에 따

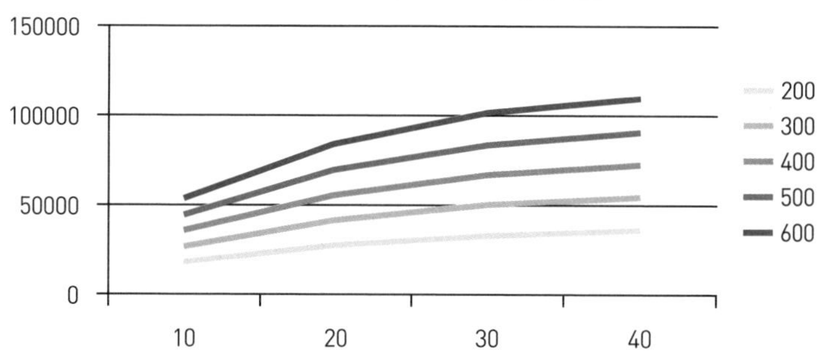

른 변화가 더욱 크다는 것을 알 수 있습니다. 40년간 월급을 받는다고 가정하면, 월급이 200만 원일 때는 현재가치가 3억 6000여만 원이지만 600만 원일 때는 11억 원에 가깝습니다. 이런저런 요령으로 재테크를 하는 것만큼이나 현재의 능력을 키워 더 많은 월급을 받으려 노력하는 것도 자산 증식과 유사한 효과를 가져온다는 뜻입니다.

물론 월급은 공짜로 나오지 않습니다. 그만큼 직장에서 필요로 하는 노동력을 제공해야만 월급을 받을 수 있지요. 40년 동안 직장 생활을 하기도 쉽지 않고, 월급을 올리기 위해 들이는 노력이 재테크 공부보다 더 힘들 수도 있습니다. 다만 여기에서는 중용을 이야기하고 싶었습니다. 한탕주의의 도박에 빠져서 비트코인 그래프만 쳐다보고 기도하는 일이, 성실히 하루하루를 살아가는 일보다 더 가치 있는 일이라고 여겨져서는 곤란하다고 생각합니다.

누구나 경제적 자유를 꿈꿀 권리가 있다

1장에서는 수열을 이용하여 경제적인 상황을 표현하는 방법을 다루었습니다. 돈을 빌렸을 때 지불하는 비용인 이자가 붙는 규칙을 이해하고, 예금·적금·대출·연금 등의 금융적 맥락을 살폈습니다. 이를 통해 이자율과 같이 시간에 따라 규칙적으로 변화하는 돈의 가치가 어떻게 수열이라는 수학적 표현으로 나타나는지를 알아보았지요. 복잡해 보이는 상황이나 문제도 현상에서 나타나는 규칙을 살피고, 바뀌는 부분과 바뀌지 않는 부분을 찾아 수학으로 표현하면 간단히 이해할 수 있었습니다.

금융과 관련하여 꼭 하고 싶었는데 다루지 못한 소득 이야기로 1장을 마무리하려고 합니다. 소득은 노동소득, 퇴직소득, 이자소득, 연금소득 등 여러 가지로 분류됩니다만, 저는 크게 소득을 '내가 일해서 버는 돈'과 '일하지 않고도 버는 돈'으로 분류하여 이해할 필요가 있다고 생각합니다. 보통 내가 일해서 버는 돈을 노동소득, 근로소득으로 부르고, 일하지 않고도 버는 돈을 금융소득, 자본소득으로 부릅니다. 사업소득도 경우에 따라선 후자로 분류할 수 있습니다만, 요지는 내가 일을 해야만 돈을 벌 수 있느냐, 일을 하지 않아도 돈을 벌 수 있느냐입니다.

이러한 구분에 이해가 필요한 이유는 인간이 수명에 비해 일할 수 있는 시기가 그리 길지 않기 때문입니다. 대략 90세까지 산다고 했을 때, 26세에 취업하여 66세에 은퇴한다고 생각하면 40년 정도 일할 시간이 생깁니다. 은퇴 이후의 24년은 노동소득을 만들기가 매우 어렵고요. 결국 우리는 40년 동안 돈을 벌어 이후의 24년을 준비해야 한다는 뜻입니다. 그런데 이 40년이 노후를 준비하기에 그리 긴 시간이 아닙니다. 현실이 그리 녹록하지 않거든요.

예를 들어, 2022년 8월 기준 서울 아파트 매매가의 중위 가격[6]은 약 10억 9000만 원 정도였습니다. 통계청에 따르면 2022년 일사분기 전체 가구소득 평균은 482만 원이고, 지출 평균은 349만 원이었지요. 극단적인 예를 들고자 이 482만 원이 모두 노동소득이라고 생각해보겠습니다. 그러면 한 달에 약 130만 원 정도가 남습니다. 매월 130만 원을 모아 10억짜리 아파트를 사려면 얼추 계산해도 769개월, 64년 정도가 나옵니다. 내가 돈을 벌 수 있는 시간은 길어야 40년인데 서울에 아파트 한 채 사려면 64년이 걸린다니 이건 좀 부조리해 보입니다. 노동소득만으로는 경제적으로 안정된 삶을 준비하기가 만만치 않지요.

그러니 경제적으로 안정된 삶을 유지하려면 내가 일해서 버는 돈 말고도, 일을 하지 않는 동안에도 돈이 생길 방법을 마련해두어야 합니다. 나 대신 돈이 스스로 일하도록 준비해야 한다는 말이지요. 돈이 일을 하도록 만드는 방법을 구체적으로 서술하는 것은 이 책의 성격과 맞지 않으므로 길게 적지 않으려고 합니다. 여러 재테크 서적이 잘 나와 있으니까요. 다만 이러한 준비에는 금융에 대한 이해가 필수적이라는 점을 강조하고 싶습니다. 예금, 적금, 대출, 연금이나 기타 투자 상품이 막연하고 낯설게만 느껴질 때, 이번 장에서 다루었던 수학적 접근이 도움이 되기를 바랍니다.

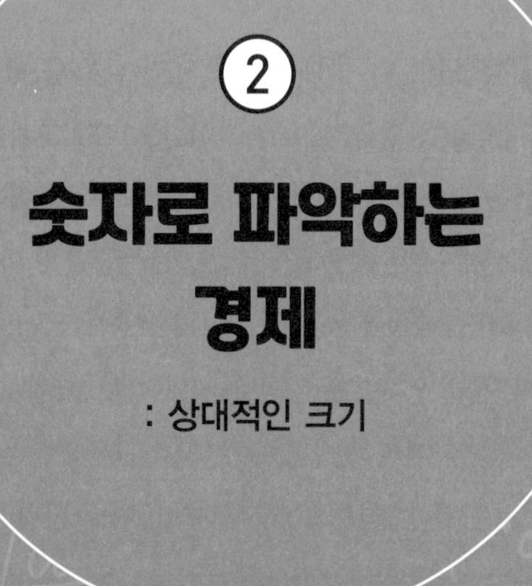

2

숫자로 파악하는 경제

: 상대적인 크기

비와 비율로 복잡한 변동을 한눈에 보여주는 비결

몇 년 전 어느 연예인이 다이어트로 체지방만 15kg을 뺐다는 기사를 보았습니다.[1] 체지방을 상당량 뺐다는 사실만으로도 그가 얼마나 자기관리를 열심히 했을지 느낄 수 있었습니다. 그런데 사실 체지방이 15kg 빠졌다는 것만으로 몸의 변화가 어느 정도였는지 쉽게 파악하기가 어렵습니다. 같은 양의 체지방을 빼더라도 원래 체중이 120kg이었던 사람과 70kg인 사람의 변화가 다르게 나타날 테니까요. 그래서 우리는 체지방을 설명할 때 체중에 대한 체지방 무게의 비율인 체지방률을 종종 사용합니다. 예를 들어 체지방률이 15% 미만이라면 상당히 단련된 몸을 갖고 있을 것이라고 대략적으로 예상할 수 있지요.

경제 상황에서도 비슷한 경우를 생각해볼 수 있습니다. 뉴스에서 흔히 나오는 GDP*를 떠올려봅시다. 우리나라의 실질 GDP는 2019년에는 1852.7조 원이었고 2020년에는 1839.5조 원이었습니다.[2] 약 13.2조 원 정도 감소했네요. 아마도 코로나 19의 영향으로 하락했을 것이라 예상됩니다. 그런데 수치가 워낙 커서일까요, 사실 실질 GDP가 13.2조 원 감소

---

* 국내총생산Gross Domestic Product; GDP. GDP는 한 나라의 경제 주체가 1년 동안 생산한 최종재의 시장 가치를 모두 더한 값입니다. GDP는 한 나라의 생산 수준과 경제 규모를 나타내는 지표라고 볼 수 있습니다. 실질 GDP는 물가 변동률을 배제하고 생산량의 변화만을 고려하도록 계산한 GDP를 말합니다. 자세한 내용은 뒤에서 다시 다루겠습니다.

했다는 표현만으로는 경제 상황이 얼마나 나빠졌는지 느낌이 잘 오질 않습니다. 그러면 2020년 경제성장률이 마이너스 0.7%라는 표현으로 바꿔보겠습니다. 구체적인 수치를 사용하지는 않았지만, 전년도에 비해서 줄어들었다는 사실이 좀 더 직관적으로 느껴집니다.

이렇듯 구체적인 양을 직접적으로 언급하는 것보다, 전체에 대한 상대적인 크기를 이용하여 설명할 때 더 나은 경우를 우리는 종종 경험합니다. 여러 경제 상황에서도 구체적인 수치를 직접 사용하기보다는 상대적인 크기를 이용하여 설명할 때가 많습니다.

전체에 대한 상대적인 크기를 표현할 때 우리는 수학 시간에 배운 비와 비율을 사용합니다. 비율은 적절하게 사용하면 복잡한 양의 변화나 관계를 간단하게 설명하도록 도움을 줍니다. 그런데 비율로 표현된 내용은 종종 오해를 가져오기도 합니다. 예를 들어 누군가가 주식을 사서 50%의 손해를 보았다고 합시다. 다시 원금이 돌아오려면 이 사람은 지금부터 얼마의 수익을 내야 할까요? 언뜻 생각하면 50% 손해를 보았으니 50% 수익이 나면 될 것 같지만, 50% 손해를 본 뒤에 원금을 다시 복원하려면 100%의 수익이 나야 합니다. 그래서 상대적인 크기로 표현된 여러 경제 상황을 바르게 이해하려면 비와 비율을 제대로 알아야 합니다.

이번 장에선 여러 경제지표를 살펴보면서 경제 상황이 어떻게 수치로 표현되는지, 경제지표에서 상대적인 크기, 즉 비와 비율이 어떻게 사용되는지를 설명하려고 합니다. 더 나아가 비와 비율을 사용할 때 무엇을 유의해야 하는지 알아보겠습니다.

비율과 지표

거대한 양의 변화를 쉽게 이해하는 법

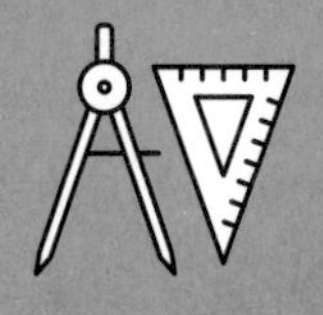

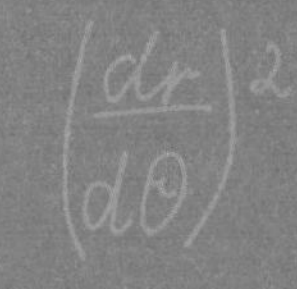

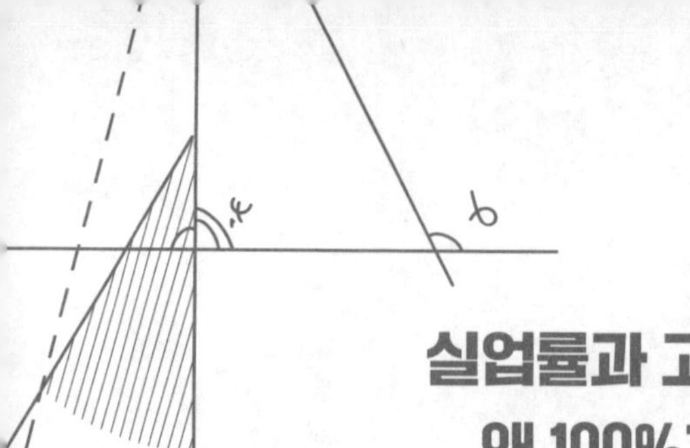

실업률과 고용률의 합은 왜 100%가 아닐까?

포털 사이트 뉴스를 찾다 보면 실업률이나 고용률을 다룬 기사를 쉽게 찾아볼 수 있습니다. 올해 실업률이 역대 최대라든지, 어느 지역 고용률이 전국 최상위라든지 하는 기사들 말이지요. 실업률과 고용률을 말 그대로 풀어보면, 실업률은 일자리를 갖지 않은 사람의 비율이고 고용률은 어딘가에 취업하여 일을 하는 사람의 비율인 것 같습니다. 사람은 일을 하든지 안 하든지 둘 중 하나의 상태를 가질 테니, 실업률과 고용률의 합은 100%가 되어야 할 것 같고요. 그런데 실제로 이 두 비율을 찾아서 더해보면 그 합이 100%가 되질 않습니다.

다음 두 그래프는 국가지표체계 홈페이지[3]에서 실업률과 고용률을 각각 검색한 결과입니다. 해마다 실업률과 고용률을 합하더라도 100%에 한참 미치지 못하는 수치가 나옵니다. 예를 들어 2021년 실업률인 3.7%와 고용률인 60.5%를 합하더라도 100%가 나오지 않습니다. 일하는 사람의 비율과 일하지 않는 사람의 비율을 합친 것 같은데 왜 100%가 나오지 않는 걸까요?

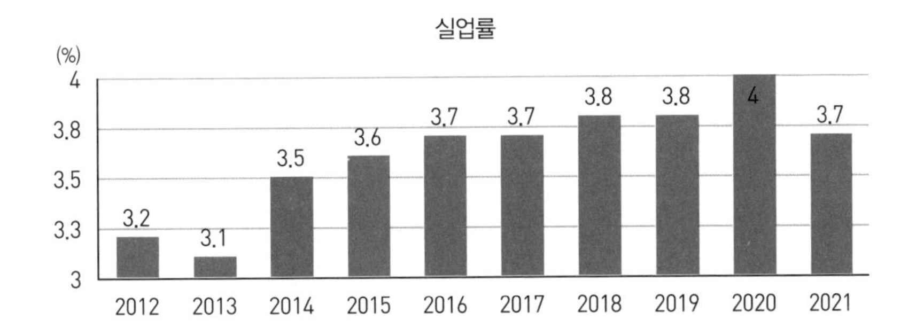

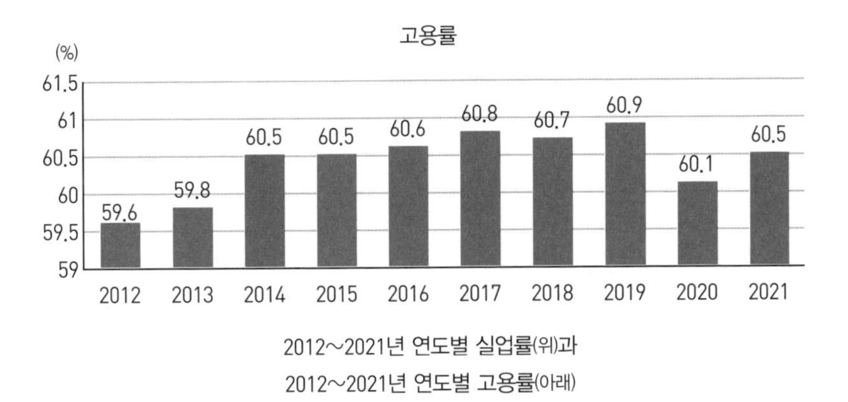

2012~2021년 연도별 실업률(위)과
2012~2021년 연도별 고용률(아래)

이것은 실업률과 고용률이라는 수치가 '비율'로 나타난 결과이기 때문입니다. 두 비율을 더해서 100%가 나오기를 기대하는 일은 사실 인터넷 유머 사이트에서 볼 수 있는 아래의 계산과 다르지 않습니다.

셋팅	+	크리닉	=	~~180,000원~~
~~100,000원~~		~~80,000원~~		TOTAL 80% 할인
30%		50%		
70,000		40,000		**110,000원**

이 그림은 셋팅 비용 10만 원에서 30%를 할인하고, 크리닉 비용 8만 원에서 50%를 할인했으니 전체 80%가 할인된다고 주장합니다. 어딘가 이상하지요? 여기에선 무엇이 잘못된 계산인지 쉽게 알 수 있습니다. 각각의 할인율인 30%, 50%, 80%는 그 기준이 10만 원, 8만 원, 18만 원으로 각각 다른데 이를 무시하고 비율만을 뭉뚱그려서 합했기 때문이죠. 즉, 분모가 다른 분수의 덧셈을 마구잡이로 하고 있다는 말입니다. 우리가 앞서 실업률과 고용률을 더해서 100%가 나오기를 기대했던 것도 사실은 이러한 계산과 같은 오류를 범했다고 볼 수 있습니다.

비율로 설명할 때는 기준을 정해야 한다

이제 실업률과 고용률의 정의를 알아보면서 왜 둘을 합해도 100%가 나오지 않는지 알아봅시다. **실업률**은 경제활동 참가자 중에서 실업 상태인 사람의 비율을 말하고, **고용률**은 생산가능인구 중 취업 상태인 사람의 비율을 말합니다. 즉, 실업률과 고용률은 각각 다음과 같이 정의됩니다.

$$(\text{실업률}) = \frac{(\text{실업자 수})}{(\text{경제활동인구 수})} \times 100$$

$$(\text{고용률}) = \frac{(\text{취업자 수})}{(\text{생산가능인구 수})} \times 100$$

수식으로 놓고 보면 실업률과 고용률을 정의할 때 사용된 분모가 다르다는 사실을 알 수 있습니다. 여기서 경제활동인구는 만 15세 이상 인구 중 취업했거나 구직 중인 인구를 말하고, 생산가능인구는 돈을 벌 수 있는 사람, 즉 15세 이상 인구 중 군인, 의무경찰, 수감자 등을 뺀 인구를 말합니다. 그러니 당연히 두 값을 합치더라도 100%가 되지 않겠지요.

이처럼 비율을 사용하여 무언가를 말하거나 계산할 때는 그 전체가 되는 것, 기준이 되는 것이 무엇이냐를 고려해야 합니다. 비율 자체가 전체에 대한 상대적인 크기를 나타내는 수이니까요. 기준이 되는 것이 같다면 그 비율을 더하더라도 무리가 없지만, 기준을 다르게 사용한 두 비율을 더하면 잘못된 결과가 나옵니다.

이러한 엉터리 계산을 하지 않으려면 애초에 비율을 사용할 때 그것이 무엇을 나타내는 비율인지 의미를 명확히 알아야 합니다. 수학이든 경제든 어떤 개념을 말할 때는 그 개념이 무엇을 말하는지를 정확하게 알고 사용하려는 노력이 필요합니다. 자, 그러면 이제 비율로 나타낸 경제지표로는 어떤 것들이 있는지 알아보겠습니다.

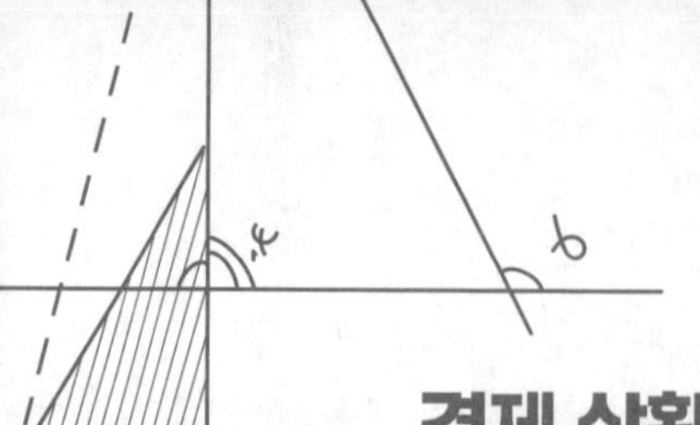

경제 상황을 통계로 알려주는 다양한 경제지표

실업률, 고용률과 같이 경제 상태를 알려주는 여러 자료를 **경제지표**라고 부릅니다. 사람의 건강 상태를 좋다, 나쁘다로 단순하게 말할 때보다 체중·혈당·체지방 등의 수치로 설명할 때 구체적으로 파악할 수 있는 것처럼 경제 또한 경제지표로 나타낼 때 그 상태를 보다 세밀하게 파악할 수 있습니다.

경제 현상은 단순히 개인이나 기업의 경제활동과 같은 몇 가지 변수만으로는 잘 설명되지 않습니다. 국가 간 외교 관계, 국내외 정치 상황, 과학의 발전, 개개인의 심리 변화, 그 외에도 여러 변수가 다양한 방식으로 영향을 미치기 때문입니다. 그래서 경제 상태를 설명하는 경제지표 또한 다양한 방식으로 정의되어 사용됩니다. 우리가 자주 사용하는 경제지표로는 실업률과 고용률 이외에도 코스피지수, 소비자물가지수, 경제성장률, 환율, 기준금리 등이 있습니다. 이러한 주류 경제지표 이외에도 실질적인 환율을 설명하는 빅맥지수나 스타벅스지수, 투자자의 심리를 나타내는 공포-탐욕지수 등 다양한 경제지표가 존재합니다.

경제지표는 현재의 경제 상황을 민감하게 반영하기도 하고, 앞으로의 경기 변화를 예측하는 정보를 제공하기도 합니다. 혹은 경기가 완전히 변화했음을 설명하기도 하지요. 경제지표는 경기를 앞서 설명하는지, 뒤따라가는지에 따라 선행지표, 후행지표, 동행지표로 분류합니다. 대표적인 선행지표로는 건설수주액, 장단기 금리차 등이 있는데, 이를 따로 모아서 한 번에 복합적으로 계산한 경기선행지수를 선행지표로 이용하기도 합니다.

경제지표를 찾아보는 가장 쉬운 방법은 포탈을 이용하는 것입니다. 예를 들어 네이버 금융에서 제공해주는 시장지표[4]를 이용하면 각국의 환율과 금리 같은 시장지표를 확인할 수 있습니다. 이러한 지표는 국내외 투자를 위한 정보로 이용되지요.

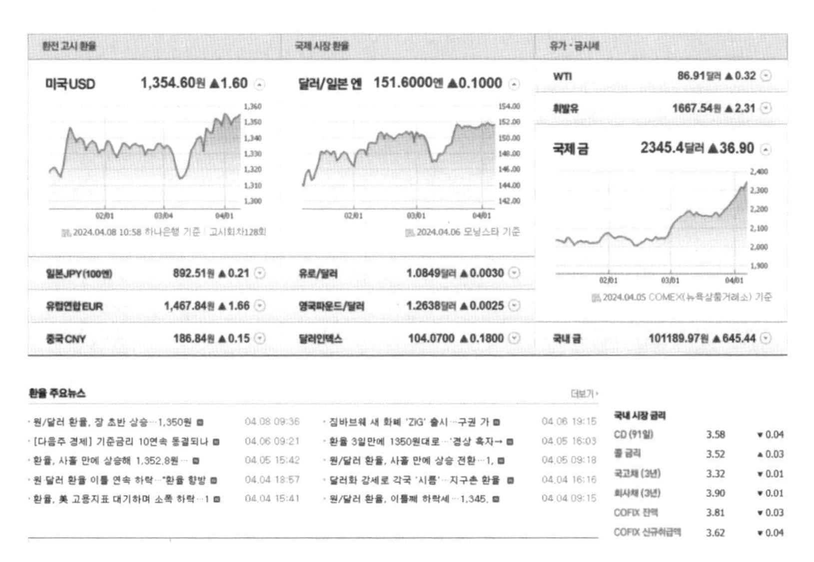

네이버 증권의 시장지표

한국은행 홈페이지

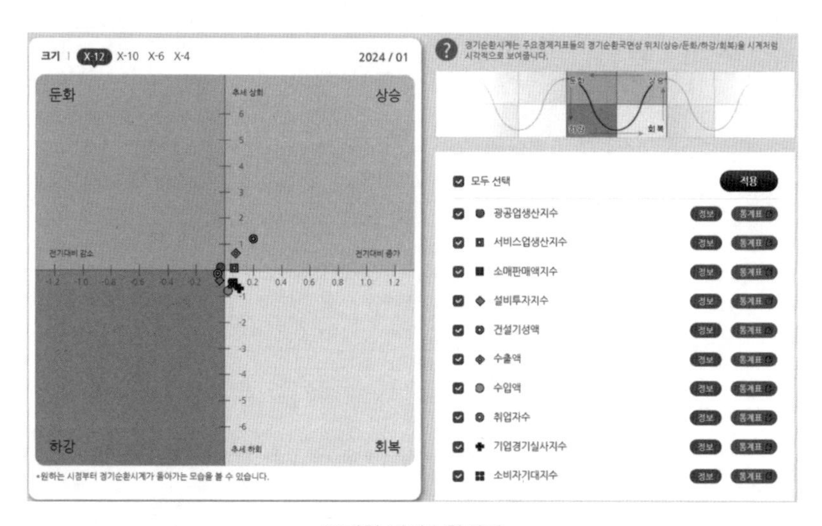

통계청 경기순환시계

경제지표를 손쉽게 확인하는 또 다른 방법으로는 한국은행 홈페이지[5]가 있습니다. 한국은행 홈페이지 메뉴에서 '경제통계' 탭을 선택하면, GDP 성장률과 소비자물가지수를 비롯한 다양한 경제지표와 금리, 환율, 코스피지수와 같은 다양한 지표를 한눈에 확인할 수 있습니다.

앞서 경제지표는 경기 흐름을 판단하는 데 도움을 준다고 했지요. 이를 한눈에 볼 수 있는 자료로 통계청에서는 경기순환시계[6]를 제공합니다. 경기순환시계는 상승-둔화-하강-회복으로 이루어진 사분면 위에 여러 경제지표를 나타내어, 현재 우리 경제가 경기 순환의 어느 단계에 있는지를 시각적으로 나타냅니다.

다양한 경제지표로 경기를 다각적으로 판단하고 분석하려는 태도는 합리적인 경제적 판단을 내리는 데 꼭 필요합니다. 여기에서도 현상을 간단히 나타내는 도구로서 수학의 역할을 생각해볼 수 있습니다. 지금까지 살펴본 경제지표들에서처럼 수학은 복잡한 경제 현상을 비교적 간단한 수치로 표현함으로써 우리 일상의 판단을 돕습니다.

비와 비율과 비례는 어떻게 다를까?

앞서 실업률과 고용률이라는 비율을 간단히 다루었습니다. 실제 생활에서 비나 비율의 개념이 매우 빈번하게 사용됨에도 불구하고, 비·비례·비율의 의미를 명확히 이해하는 사람은 드문 것 같습니다. 그래서 여기에선 각 단어의 명확한 의미를 살펴보려고 합니다. 사실 비나 비례나 비율이나 다 똑같이 견줄 비比 자를 사용하기 때문에 실제 생활에서 이 단어들의 의미를 명확하게 알지 못하더라도 적당히 이해할 수 있습니다. 대충 전체에서 차지하는 양이 얼마인지를 나타낸 말이겠죠. 하지만 적당히 말만 통하고 이해만 되면 넘어가도 된다는 식의 태도는 공부하는 입장에선 적절치 않아 보입니다. 명확한 의미를 모르는 것과 아는 것은 희뿌연 안경으로 세상을 보는 것과 잘 닦은 안경으로 세상을 보는 것에 비유할 수 있지 않을까요? 세상만사를 명확하게 알기는 어렵겠지만, 기왕이면 많은 부분에서 맑은 시야로 세상을 보면 더 낫지 않을까 싶습니다.

우선은 비입니다. 비는 근본적으로 두 양 사이의 관계를 나타내는 방법입니다. 방법은 크게 두 가지로 생각할 수 있습니다. 첫 번째는 더하기, 빼기의 관점입니다. 예를 들어 3은 6보다 3만큼 작다, 6은 3보다 3만큼 크다고 표현하는 종류입니다. 두 번째는 곱하기, 나누기의 관점입니다. 예를 들어 3은 6의 절반이다, 혹은 6은 3의 2배이다라고 표현하는 방식이지요. 비는 이 두 방법 중 후자와 관련되어 있습니다. 초등학교 6학년 교과서(2015 개정교육과정)에는 비를 "두 수를 나눗셈으로 비교하기 위해 기호 :을 사용하여 나타낸 것"이라고 정의합니다. 앞의 예시를 사용하자면 두 수 3과 6을 비교할 때 3:6이라고 쓰는 것이지요. 이때 이 비는 "3 대 6", "3의 6에 대한 비", "6에 대한 3의 비" 등으로 읽습니다. 비를 표현할 때는 : 기호의 오른쪽에 있는 수가 기준이 됩니다.

비를 사용하는 이유는 수가 커지더라도 비가 달라지지 않는 경우가 있기 때문입니다. 예를 들어 급식 때 1인당 닭다리를 2개씩 받는다고 생각해봅시다. 그러면 사람 수와 닭다리 개수는 1명일 때 2개, 2명일 때 4개, 3명일 때 6개로 변하겠지요. 이 관계를 덧셈, 뺄셈으로 나타내면 닭다리가 사람 수보다 1개 많다, 2개 많다 등으로 표현이 계속 바뀝니다. 그런데 곱셈, 나눗셈으로 나타내면, 즉 비를 이용하면 사람 수와 닭다리의 개수는 1:2의 비를 갖는다고 간단하게 설명할 수 있겠지요.

비율은 비를 하나의 수로 나타낸 것입니다. 즉, 비율은 기준량에 대한 비교하는 양의 크기를 말하고, 다음과 같이 계산합니다.

$$(\text{비율})=(\text{비교하는 양})\div(\text{기준량})=\frac{(\text{비교하는 양})}{(\text{기준량})}$$

예를 들어 스티커 10개 중 3개를 붙였다면 처음의 스티커에 대한 이미 사용한 스티커의 비율은 $\frac{3}{10}$이겠지요. 비율은 크게 분수, 소수, 백분율로 표현할 수 있습니다. 이를테면 $\frac{3}{10}$을 분수, 소수, 백분율로 표현하여 각각 $\frac{3}{10}$, 0.3, 30%로 나타내는 것이지요.

다음은 **비례**입니다. 비례한다는 것은 두 양의 값이 변하더라도 그 두 양이 이루는 비가 일정하다는 뜻입니다. 두 비가 같다는 말은 두 비가 이루는 비율이 같다는 뜻이고요. 예를 들어 앞에서 다룬 사람 수와 닭다리 개수를 생각해봅시다. 사람 수가 4명이면 닭다리 개수는 8개이고, 사람 수가 10명이면 닭다리 개수는 20개입니다. 이때 4와 8의 비, 10과 20의 비가 이루는 비율은 $\frac{1}{2}$로 변하지 않고 일정합니다. 따라서 사람 수와 닭다리 개수는 비례한다고 말할 수 있습니다. 한편 4와 8의 비, 10과 20의 비는 비율이 같으므로 두 비가 같다고 말할 수 있는데, 이러한 상황을 등호를 사용하여 $4:8=10:20$과 같이 나타냅니다. 같은 두 비를 등호를 사용하여 $a:b=c:d$의 꼴로 나타낸 식을 **비례식**이라고 합니다.

지금까지 비와 비례의 정의를 짚어보았습니다. 가끔 글을 읽다 보면 '칼슘과 염소가 1:2의 비율로 결합된 것이므로…'와 같은 표현을 보곤 하는데, 이런 문장에서는 '비율'보다 '비'가 더 적합한 표현입니다. 사소한 단어라도 의미를 명확하게 알고 정확하게 사용하고자 하는 노력을 기울이면 좋겠지요?

경제지수

오르락내리락 숫자로 읽는 경제

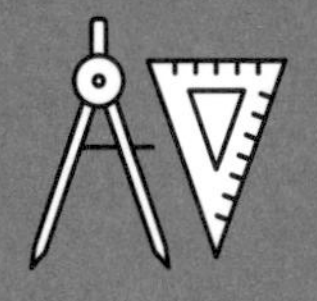

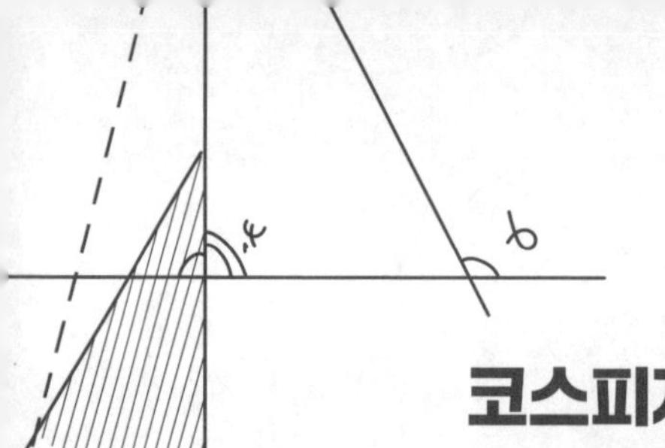

코스피지수가 떨어지면 나라가 위험하다?

오후 네 시쯤 TV 뉴스를 틀면 항상 오늘의 주가 현황 보도를 들을 수 있습니다. 삼성전자가 올랐다거나, SK하이닉스가 몇 퍼센트포인트(%p) 떨어졌다거나 하는 식이지요. 그런데 이러한 개별 종목 설명만으로는 전체 주식시장이 어떻게 움직이고 있는지를 쉽게 판단할 수 없습니다. 해당 종목에 투자한 사람이야 그 종목 시세가 중요하겠지만, 전체 시장 경기가 어떤지를 알고자 하는 사람은 개별 종목보단 주식시장 전체를 보여주는 자료가 필요하겠지요. 그래서 이러한 보도는 보통 주요 종목 시세뿐만 아니라 코스피나 코스닥지수가 어떻게 변화했는지도 함께 설명합니다. 우리는 이러한 보도를 보며 오늘 주식시장이 좋았구나, 혹은 나빴구나 판단을 내립니다.

그런데 코스피지수는 무엇이고, 어떤 식으로 계산되길래 한국 주식시장의 전체 흐름을 설명하는 지표로 사용되는 걸까요? 코스피지수가 떨어지면 여러 언론에서 나라가 망할 것처럼 기사를 쏟아내니 오르면 좋고 떨어지면 나쁜가 보다 짐작은 가는데, 그래서 그 '코스피'가 뭐냐는 겁니다.

주식시장에서 황소는 상승장, 곰은 하락장을 의미한다.[7]

코스피 KOSPI 는 Korea Composite Stock Price Index의 약자로, 문자 그대로 풀이하면 한국 종합 주가 지수*라는 뜻입니다. 이 지수는 기준 시점인 1980년 1월 4일에 한국 유가증권시장에 상장된 기업들의 시가총액 합을 100으로 놓고, 산출 시점의 시가총액 합을 기준 시점에 비하여 나타낸 값입니다. 예를 들어 현재 시점에서 코스피지수가 2,500이라면, 이는 현재 시점 유가증권시장 전 종목의 시가총액 합이 1980년 1월 4일보다

---

* 과거에는 유가증권시장의 전체 움직임을 산출한 종합주가지수의 공식 명칭이 '한국종합주가지수'였습니다. '코스피지수'는 2005년 11월 1일부터 공식적으로 사용되고 있는 명칭입니다.

25배 늘었다는 뜻입니다.

이때 시가총액이란 기업에서 발행한 주식의 수와 개별 주식의 가격(주가)을 곱한 값입니다. 코스피를 계산할 때 사용되는 시장 전체 시가총액은 각 기업에서 발행한 주식의 수와 개별 주식의 주가를 곱하고(각 기업의 시가총액), 각 기업의 시가총액을 더해서 만들어집니다.

——— 소비자가 느끼는 실제 물가

한편 뉴스에 자주 오르내리는 또 다른 지수로 **소비자물가지수**가 있습니다. 소비자 물가가 몇 퍼센트 오르내렸다는 기사는 대부분 통계청에서 발표하는 소비자물가지수의 등락으로, 소비자가 체감하는 물가 변화를 표현한 것입니다. 소비자물가지수를 사용하는 이유도 코스피지수를 사용하는 이유와 비슷합니다. 개별 상품이나 서비스 가격의 등락만으로는 소비자가 체감하는 전반적인 물가 변화를 제대로 표현할 수 없기에, 여러 상품이나 서비스의 가격을 전체적으로 포함하여 계산한 소비자물가지수를 사용하는 것이지요. 그러면 이 소비자물가지수는 어떤 식으로 계산되는 걸까요?

소비자물가지수를 계산하려면 일단 '물가'가 무엇인지를 알아야 합니다. **물가**[8]란 시장에서 거래되는 여러 상품과 서비스 가격을 경제 생활에서 차지하는 중요도를 고려하여 평균한 종합적인 가격 수준을 말합니다. 물가를 구할 때 어떤 부분에 초점을 두고 싶은지에 따라 조금씩 다른 상품들의 가격을 조사하기도 합니다. 특히 소비자물가지수를 계산할 때에는 가계의 총 소비지출 중 구입 비중이 큰 500여 개의 상품 및 서비스

품목에 대한 소비자 구입 가격을 기준으로 합니다. 그래야 소비자가 실제로 느끼는 물가와 비슷한 결과를 나타낼 수 있을 테니까요.

소비자물가지수는 기준 시점의 물가를 100으로 놓고, 측정 시점의 물가를 상대적으로 계산하여 나타냅니다. 만약 어느 해의 소비자물가지수가 110이었다면 이는 기준 시점의 물가에 비해 측정 시점의 물가가 10% 높아졌음을 의미합니다. 이를 소비자 입장에서 해석하면, 같은 품질의 상품과 서비스를 같은 양만큼 소비했을 때 2020년에 1만 원이 필요했다면 측정 시점에는 1만 1,000원이 필요하다는 뜻입니다. 기준 시점은 5년마다 새롭게 바뀌어, 2024년 현재는 2020년을 기준으로 계산합니다. 기준 시점과 측정 시점의 차이가 너무 크면 실질적인 물가 변화를 나타내기에 적합하지 않겠죠?

소비자물가지수는 우리 생활과 밀접한 통계인 만큼, 통계청에서도 별도의 페이지[9]를 마련해 다양한 관련 정보를 제공합니다.

통계청에서 제공하는 소비자물가지수 페이지

이 밖에도 경제지표에는 '지수'라는 이름으로 경제 상황을 설명하는 경제지표가 다양하게 존재합니다. '소비자'가 붙는 지수로만 생각해도 소비자동향지수, 소비자물가지수, 소비자심리지수가 있으며, 생산자와 관련해선 생산자물가지수, 생산자제품재고지수, 무역에 관련해선 수출입물가지수, 수출입물량지수 등이 있습니다.

이러한 '지수'들은 사실 다 비슷한 방식으로 계산됩니다. 즉, 특정한 시점을 기준으로 잡아 값을 100으로 놓고, 측정하고자 하는 시점의 값을 상대적으로 계산하여 나타냅니다. 서로 다른 현상을 설명하더라도 같은 수학적 방식을 적용한다는 범용성에서 수학의 가치를 또 한번 느껴볼 수 있네요.

——— 지수를 산출하는 법

앞서 코스피지수와 소비자물가지수로 '지수'라고 불리는 경제지표의 의미를 설명했습니다. 이제 구체적인 수식을 보면서 코스피지수, 소비자물가지수를 구하는 방법을 알아봅시다.

앞서 코스피지수는 기준 시점인 1980년 1월 4일에 코스피시장에 상장된 기업들의 시가총액을 100으로 놓고 산출 시점의 시가총액을 상대적으로 계산한 값이라고 했습니다. 이것을 비례식으로 표현하면 다음과 같습니다.

$$(\text{기준 시점의 시가총액}) : (\text{산출 시점의 시가총액}) = 100 : x$$

이때 x가 구하고자 하는 코스피지수입니다. 이제 x에 대해 비례식을 정리해야겠죠?

$$100\times(\text{산출 시점의 시가총액})=x\times(\text{기준 시점의 시가총액})$$

$$\therefore x=\frac{(\text{산출 시점의 시가총액})}{(\text{기준 시점의 시가총액})}\times100$$

결국 코스피지수는 $\frac{(\text{산출 시점의 시가총액})}{(\text{기준 시점의 시가총액})}\times100$의 식으로 구해지네요.

소비자물가지수 또한 위와 같은 방식으로 구합니다. 기준 시점의 물가를 100으로 놓고 측정 시점의 물가를 상대적으로 계산하는 비례식은 다음과 같습니다.

$$(\text{기준 시점의 물가}) : (\text{산출 시점의 물가}) = 100 : x$$

마찬가지로 이때 x가 구하고자 하는 물가지수입니다.

$$100\times(\text{산출 시점의 물가})=x\times(\text{기준 시점의 물가})$$

$$\therefore x=\frac{(\text{산출 시점의 물가})}{(\text{기준 시점의 물가})}\times100$$

따라서 소비자물가지수는 $\frac{(\text{산출 시점의 물가})}{(\text{기준 시점의 물가})}\times100$의 식으로 구해집니다.

두 식을 비교해보면 다음과 같습니다.

코스피지수	소비자물가지수
$\frac{\text{(산출 시점의 시가총액)}}{\text{(기준 시점의 시가총액)}} \times 100$	$\frac{\text{(산출 시점의 물가)}}{\text{(기준 시점의 물가)}} \times 100$

두 식을 산출하는 방법이 유사하다는 것, 느끼셨나요? 보통 '지수'라고 이름이 붙은 경제지표는 위와 같은 방식을 적용해서 구합니다. 앞으로 다른 경제지표를 봐도 이전보다 명확하게 의미하는 바를 알 수 있겠지요?

GDP는 무엇이며 왜 중요할까?

신문이나 기사에서 자주 접하는 경제 용어로 '경제성장률'이 있습니다. 경제성장률은 주로 국가 전체의 경제 전망을 설명하는 기사에 인용되어, 경제성장률이 둔화되고 있다든지, OECD Organisation for Economic Co-operation and Development (경제협력개발기구)에서 한국의 경제성장률 전망치를 낮춰서 발표했다든지 하는 식으로 등장합니다. 그런데 막상 경제성장률이 높아지거나 낮아지면 실질적으로 무엇이 변화하는지를 잘 아는 경우는 드문 것 같습니다. 느낌으로는 경제가 좋아지나 보다, 혹은 나빠지나 보다 싶은데 실제로 내가 이 기사에서 얻은 정보가 무엇일까 생각해보면 막연한 거죠. 그래서 여기에선 경제성장률의 의미와 산출 방법을 알아보려고 합니다.

경제성장률로 들어가기 전에, 우선 GDP Gross Domestic Product (국내총생산)를 이해할 필요가 있습니다. GDP는 일반적으로 '일정 기간 국내에서 새롭게 생산된 최종 생산물의 시장 가치의 합'이라고 정의됩니다. 이 정의를 하나씩 뜯어봅시다. 첫 번째는 '일정 기간'입니다. GDP는 보통 1년 기준으로 측정됩니다. 이는 경제활동에 참여하는 주체들이 보통 1년 단위로 생산을 계획, 실행, 결산하기 때문입니다. 두 번째는 '국내'입니다. 이때 국내는 지리적인 의미입니다. 한국 회사가 외국에 공장을 지어 생산 활동을 하는 경우보다, 외국 회사가 한국에 공장을 지어 생산 활동을 할 때 우리 경제에 더 직접적인 영향을 미치는 것을 고려하면 이해가 됩니다. 세 번째는 '최종 생산물'입니다. GDP를 계산할 때는 상품을 생산하는 동안 투입된 재료나 노동 등의 가치는 계산하지 않습니다. 최종 생산물이 나오는 동안 투입된 노동력과 같은 요소는 이미 최종 생산물의 시장 가격에 반영되어 있다고 간주하기 때문입니다. 마지막은 '합'입니다. GDP는 한 나라의 최종 생산물을 품목별로 생산량과 시장 가격을 곱한 값을 모두 더해서 이루어진다는 의미입니다.

명목 GDP와 실질 GDP의 차이

이렇게 계산한 GDP는 한 나라의 생산 능력을 정확하게 나타내는 데 한계가 있습니다. GDP 계산에는 생산량과 가격이 변수로 작용하는데, 상품의 가격이 바뀌면 생산량에 변화가 없더라도 GDP가 변화하기 때문입니다. 그래서 GDP는 명목 GDP와 실질 GDP로 구분합니다. **명목 GDP**는 당해 연도의 생산량에 당해 연도의 가격을 곱해서 구하고, **실질 GDP**는 당해 연도의 생산량에 기준 연도의 가격을 곱해서 구합니다. 물가 변동의 영향을 제거하므로, 생산 능력의 변화를 정확하게 파악할 수 있겠지요.

그러면 예시를 들어보겠습니다. 장갑과 구두만을 생산하는 가죽 나라의 2021~2023년 생산량과 상품 가격이 다음과 같았다고 생각해봅시다.

연도	장갑		구두	
	생산량(켤레)	가격(만 원)	생산량(켤레)	가격(만 원)
2021	10	1	20	10
2022	10	1.5	20	12
2023	20	2	25	15

이 자료를 이용하여 각 해의 명목 GDP와 실질 GDP를 계산해볼까요?(기준 연도는 2021년으로 합니다)

연도	명목 GDP	실질 GDP
2021	10×1+20×10=210	10×1+20×10=210
2022	10×1.5+20×12=255	10×1+20×10=210
2023	20×2+25×15=415	20×1+25×10=270

이때 실질 GDP에서는 2021년을 기준 연도로 장갑 1만 원과 구두 10만 원을 적용하여 계산했습니다. 표를 관찰하면, 명목 GDP는 2021년부터 2023년까지 꾸준히 증가한 반면 실질 GDP는 2021년과 2022년에 변화가 없었다는 사실을 알 수 있습니다. 이로부터 2021년과 2022년 사이에 실질적인 생산량 증가는 이루어지지 않았다는 사실을 파악할 수 있지요.

경제성장률 변화는 왜 퍼센트포인트로 나타낼까?

이제 경제성장률을 계산해볼까요? 한 해의 경제성장률은 그 해와 전년도의 실질 GDP를 이용하여 다음과 같이 계산합니다.

$$(\text{경제성장률})=\frac{(\text{금년도 실질 GDP})-(\text{전년도 실질 GDP})}{(\text{전년도 실질 GDP})}\times 100(\%)$$

연도	실질 GDP	경제성장률
2021	10×1+20×10=210	–
2022	10×1+20×10=210	$\frac{210-210}{210}\times 100=0\%$
2023	20×1+25×10=270	$\frac{270-210}{210}\times 100=28.6\%$

여기에 가축 나라의 실질 GDP를 적용하면 위와 같은 경제성장률을 얻을 수 있습니다(2021년도의 경제성장률은 2020년도 자료가 없으므로 구할 수 없습니다).

이렇게 구한 경제성장률의 증감은 일반적으로 퍼센트포인트로 나타냅니다. 퍼센트포인트는 백분율의 증감을 말하기 위해 사용되는 개념입니다. 예를 들어 2021년의 경제성장률이 2%였는데 2022년에는 4%가 되었다고 생각해보겠습니다. 이러한 상황을 말할 때 퍼센트를 사용하면 '100% 증가하였다'라고 표현해야 합니다. 경제성장률이 2%에서 4%로 2배 증가했으니까요. 그런데 이러한 표현은 사실 우리 직관과는 다소 동떨어진 느낌을 주지요. 하지만 퍼센트포인트를 사용하면 그냥 '2%p 증가하였다'라고 말하면 됩니다.

퍼센트포인트는 경제성장률뿐만 아니라 백분율을 사용하는 여러 맥락에서 사용됩니다. 예를 들어 한국은행이 기준금리를 1.5%에서 3%로 올렸을 때 이를 '한국은행이 기준금리를 100% 올렸다'라고 말해도 되지만 '한국은행이 기준금리를 1.5%p 올렸다'라고 표현하면 간단하겠죠. 아무래도 후자의 경우가 직관적으로 더 잘 와닿습니다(뭐라고 말하든 금리가 저렇게 오르면 우울합니다만).

세계 각국 GDP와 경제성장률이 말해주는 것

앞서 GDP와 경제성장률을 계산하는 방법을 배웠는데, 아무래도 가상의 사례로 설명하다 보니 실제적인 느낌이 떨어지는 것 같습니다. 이에 여기에선 IMF*에서 제공하는 자료를 보면서 세계 각국의 GDP를 비교해 보도록 합시다. IMF 홈페이지에서 'DATA' 카테고리에 들어가면, 세계 경제에 관련된 다양한 통계 자료를 확인할 수 있습니다. 이 중 좌측 하단의 'IMF DATA MAPPER'라고 적힌 메뉴를 클릭하면 지도, 그래프 등 시각적인 자료를 함께 얻을 수 있습니다.[10]

다음 페이지의 표는 2023년 세계 각국의 명목 GDP를 조사하여 상위 15개 국가를 수록한 것입니다. 이에 따르면 세계에서 GDP가 가장 높은 국가는 미국이고, 두 번째는 중국입니다. 독일은 세 번째에 위치하지만 미국, 중국과의 차이가 대단히 크다는 것을 알 수 있습니다. 참고로 우리나라는 13위입니다.

---

* 국제통화기금International Monetary Fund. 세계 각국에서 내놓은 기금을 모아 특정 국가에서 외환 위기를 겪을 때 구제 금융(과 강도 높은 경제 개혁)을 내놓는 국제기구입니다.

IMF 홈페이지의 DATAMAPPER 첫 화면

국가	GDP	국가	GDP	국가	GDP
미국	26949.643	영국	3332.059	러시아	1862.47
중국	17700.899	프랑스	3049.016	멕시코	1811.468
독일	4429.838	이탈리아	2186.082	대한민국	1709.232
일본	4230.862	브라질	2126.809	호주	1687.713
인도	3732.224	캐나다	2117.805	스페인	1582.054

(단위 : 100만 US달러)

2023년 국가별 명목 GDP 순위(1~15위)

위 표를 쉽게 알아보기 위해 미국, 중국, 독일, 일본과 나머지 국가 모두의 명목 GDP를 합쳐서 다음 원형 차트로 나타내보았습니다. 5위 이하 국가의 명목 GDP를 모두 합쳐도 미국을 따라가지 못하네요. 2~4위 국가의 명목 GDP를 모두 합쳐야 겨우 미국과 비슷한 수준이 됩니다. 미국의 경제 규모가 크다는 사실은 익히 들어 알고 있지만, 실제 수치로 그 차이를 확인하니 더욱 엄청나다는 느낌이 듭니다.

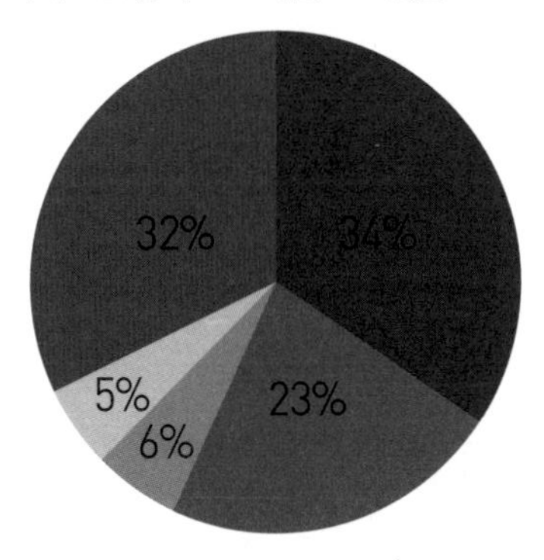

세계 GDP를 차지하는 국가별 비율

몇 개 국가의 경제성장률 변화도 분석해봅시다. 다음 페이지의 그림은 1980년부터 2028년(예측치)까지 한국, 미국, 일본의 경제성장률을 나타낸 그래프입니다. 이 그래프 또한 IMF의 DATAMAPPER 기능으로 쉽게 얻을 수 있습니다.

그래프에서 진한색으로 그려진 부분이 한국의 경제성장률입니다. 1980년대부터 2010년에 이르기까지 세 나라 중 가장 높은 경제성장률을 보였지요. 중간에 검은색 그래프는 일본, 연한색 그래프는 미국의 경제성장률입니다. 이 두 나라는 1980년대부터 대부분 5% 미만의 경제성장률을 보였습니다. 아무래도 경제 규모가 큰 국가는 이미 성장할 만큼 성장했기 때문에, 경제성장률이 높게 나타나기 어렵겠지요.

우리나라의 경제성장률 그래프를 보면 1998년과 2009년, 2020년에 크게 떨어졌음을 알 수 있습니다. 1998년은 우리나라가 외환 위기를 겪

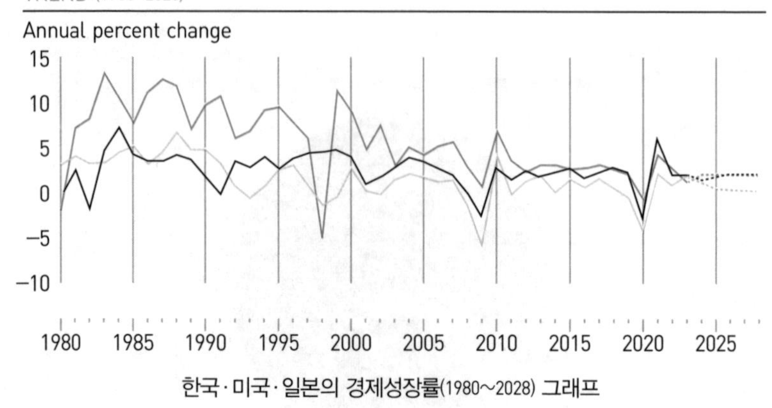

한국·미국·일본의 경제성장률(1980~2028) 그래프

은 해입니다. 2009년, 2020년에는 각각 서브프라임 모기지 사태와 코로나 19가 있었지요. 국내를 비롯해 세계 경제에 영향을 미치는 요소는 여러모로 다양하다는 사실이 그래프로도 나타나네요.

경제 리터러시

복잡하고 다양한 주식시장의 세계

앞서 한국 유가증권시장에 상장된 기업의 시가총액 합으로 계산하는 코스피지수를 설명했습니다. 그런데 우리나라의 주식시장은 유가증권시장만 있는 것은 아닙니다. 어디선가 들어보았을 법한 코스닥시장이나, 비교적 생소한 코넥스시장도 주식시장의 일종입니다. 이러한 시장은 모두 한국거래소Korea Exchange; KRX에서 관리합니다. 여기에선 이러한 시장의 차이가 무엇인지 간략히 알아보도록 하겠습니다.

실제로 물건을 사고파는 시장에는 건어물 시장, 청과 시장 등 특정한 품목의 이름이 붙는 경우가 많죠? 이러한 시장은 비슷한 성격을 가진 상품들이 한곳에 모여 있어 소비자가 다양한 상품을 비교하여 선택하기 편리하다는 장점이 있습니다. 코스피와 코스닥 시장도 이처럼 거래되는 상품, 즉 거래되는 주식의 성격이 다른 시장으로 이해할 수 있습니다.

코스피지수를 산출하는 한국 유가증권시장은 우리나라를 대표하는 주식시장입니다. 이 시장에서 물건을 팔기 위해선 높은 기준의 심사를 통과해야 하죠. 이러한 과정을 '상장'이라고 합니다. 유가증권시장 상장 조건[11]으로는 '최근 매출액 1000억 원 이상 및 3년 평균 700억 원 이상',

'최근 사업 연도에 영업이익, 법인세차감전계속 사업이익 및 당기 순이익 각각 실현', '최근 이익액 50억 원 이상' 등이 있습니다. 정확한 내용을 이해하지 못하더라도, 비교적 규모가 크고 안정적으로 매출을 올릴 만한 회사만이 유가증권시장에서 거래된다는 사실을 알 수 있습니다. 이러한 엄격한 요건은 시장에 양질의 물건을 공급하여 소비자(투자자)들이 피해를 입지 않도록 보호하고, 시장의 신뢰도를 높임으로써 투자가 원활히 이루어지도록 합니다.

한국거래소에 따르면 **코스닥**Korea Securities Dealers Automated Quotation; KOSDAQ 시장은 코스피와는 달리 IT Information Technology ·BT Bio Technology ·CT Culture Technology 기업과 벤처기업의 자금 조달을 목적으로 1996년 7월 개설된 첨단 벤처기업 중심의 시장입니다. 즉, 코스닥시장은 소프트웨어나 바이오산업, 게임이나 엔터테인먼트 사업 등 비교적 미래산업에 관련된 중소 규모의 회사들의 빠른 성장을 도모하고자 관련 기업의 주식을 모아서 판매하는 별도의 시장이라고 볼 수 있습니다. 코스닥시장은 거래되는 회사의 규모가 비교적 작고, 사업 특징상 코스피에 비해 주가의 유동성이 크다는 특징을 가집니다. 코스닥시장은 비교적 규모가 작은 회사들의 거래가 이루어지는 만큼 코스피에 비해 상대적으로 완화된 상장 기준을 갖고 있습니다. 코스닥시장 또한 코스피지수와 같은 방식*으로 코스닥지수를 산출하여 발표합니다.

코넥스Korea New Exchange; KONEX 시장은 2013년에 출범한 우리나라의 세

---

* 단, 코스피는 기준 시점을 100으로 두는 반면 코스닥은 기준 시점(1996년 7월 1일)을 1000으로 둡니다.

번째 주식시장입니다. 코넥스는 코스닥시장에 상장하기 어려운 초기 중소기업이나 벤처기업의 자금 조달을 돕는다는 목적으로 시작되었습니다. 비교적 생소한 소규모 시장이기 때문에 여기에선 상식적인 수준으로 이런 주식시장이 있다는 사실 정도만 알면 될 것 같습니다.

환율

살 때와 팔 때가 다른 이유

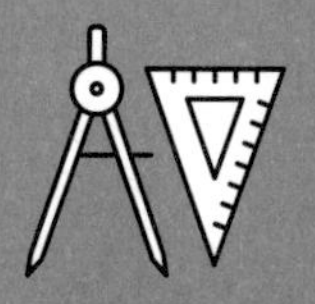

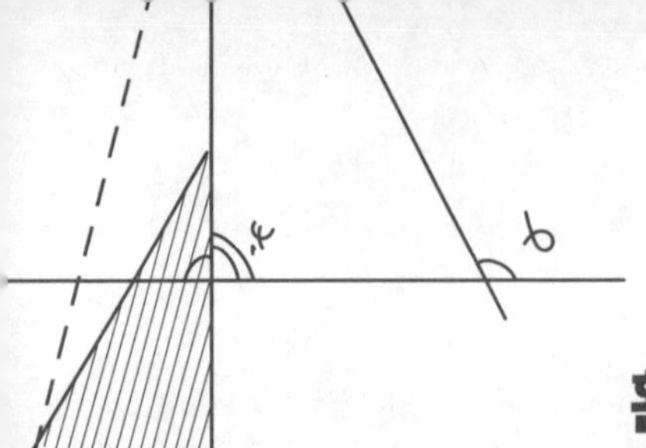

환율 시세표, 제대로 읽는 법

경제 기사에 단골로 등장하는 소재로 '환율'이 있습니다. 환율은 보통 '원/달러 환율 1,300원 돌파'와 같이 뭘 자꾸 돌파하면서 기사에 오르내립니다. 흔히 환율이 오르면 외국인이 떠나고 고물가가 찾아와 경제 불황이 올 것이라는 내용이 나오는데, 구체적으로 왜 이러한 일들이 발생하는지는 잘 설명해주질 않습니다. 그래서 여기에선 환율이란 무엇이고 어떻게 환전이 이루어지는지, 환율의 변화가 개인과 사회에 어떤 영향을

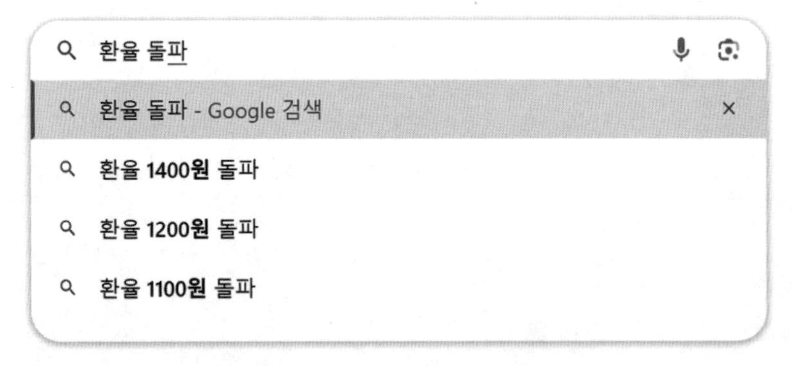

구글에서 '환율 돌파'로 검색해서 나온 자동완성 검색어

미치는지를 알아보겠습니다.

한 외국인이 우리나라에 와서 상품을 구매하고 듣도 보도 못한 외국 화폐를 냈다고 상상해봅시다. 상점 주인은 어떤 반응을 보일까요? 아마 망하기 직전의 상점 주인이 아니고서는 허락하지 않을 겁니다. 상품 가격을 제대로 받았는지도 알기 어렵고, 은행에서 수수료를 내가며 환전하는 일이 번거로우니까요. 그러니 국내에서 물건을 사려면 외국인이든 한국인이든 원화로 결제하는 편이 자연스럽습니다. 반대의 상황도 마찬가지입니다. 외국에서, 혹은 외국과 거래하려면 자국 화폐를 타국 화폐로 바꾸는 과정이 반드시 선행되어야 합니다.

자국 화폐와 타국 화폐를 바꿀 때 적용하는 일정한 교환 비율을 **환율**이라고 합니다. 이는 외국 화폐와 비교한 자국 화폐의 값어치라고도 이해할 수 있습니다. 예를 들어 1달러와 1,300원을 교환할 수 있다면, 달러 환율은 1,300원(원/달러)으로 표기*하고, 이때 1달러의 구입 가격은 1,300원입니다. 이러한 관점에서 환율은 곧 외국 돈의 가격이라고 보아도 좋겠네요.

간단한 예시를 들어 원과 달러의 변환이 어떻게 이루어지는지 살펴보겠습니다. 현재 환율이 1,300원(원/달러)이고, 미국 여행을 가기 전 200만 원을 달러로 바꾼다고 가정해보겠습니다. 이때 계산은 다음과 같은 비례

---

* 환율을 나타내는 방법으로는 자국통화표시환율과 외국통화표시환율이 있습니다. 자국통화표시환율은 외국 통화 1단위에 따른 자국 통화의 양으로 환율을 나타내는 방법입니다. 가령 1달러가 1,300원의 가치를 가질 때, 이를 1,300원(원/달러)으로 표현합니다. 한편 외국통화표시환율은 자국 통화 1단위에 따른 외국 통화의 양으로 환율을 나타내는 방법입니다. 1달러가 1,300원인 경우, 이를 약 0.000769(달러/원)로 표현하지요. 일반적으로 환율은 자국통화표시환율로 표현합니다.

식으로 이루어집니다.

$$1{,}300(\text{원}) : 1(\text{달러}) = 2{,}000{,}000(\text{원}) : x(\text{달러})$$

200만 원이 달러로 얼마인지를 구하고자 하는 상황이므로, 구하고자 하는 금액(달러)을 x로 두었습니다. 위의 비례식을 계산하면, $x=\frac{2000000}{1300}=1{,}538.46$(달러)이 되어 200만 원은 약 1,538 달러가 된다는 사실을 알 수 있습니다.*

앞의 비례식을 잠깐만 살펴보더라도, 환율이 변하면 같은 돈(원화)을 가지고서 바꿀 수 있는 돈(달러)의 액수가 달라짐을 알 수 있습니다. 따라서 환전을 자주 해야 하는 사람은 환율의 변화에 관심을 가져야 하겠지요.

매매기준율과 환전 수수료의 의미

은행에 가면 벽에 붙어 있는 환율 시세표를 쉽게 볼 수 있습니다. 환율 시세표는 현재 여러 나라 화폐 환율이 얼마인지를 한눈에 보여주는 현황판이라고 볼 수 있습니다. 환율은 하루에도 수백 번씩 바뀌는데, 이에 따라 환율 시세표도 거의 실시간으로 변경되며 최신의 정보를 제공합니다.

---

* 비례식을 1,300(원):2,000,000(원)=1(달러):x(달러)로도 세울 수 있습니다. 이 비례식은 서로 같은 단위끼리의 비를, 본문의 비례식은 서로 다른 단위끼리의 비를 이용하여 세운 것입니다. 이때 서로 같은 단위끼리의 비를 내적비라고 하고, 서로 다른 단위끼리의 비를 외적비라고 합니다.

구분 ⇕	통화표시 ⇕	매매기준율 ⇕	송금		현찰				대미환산율 ⇕
			받으실 때 ⇕	보내실 때 ⇕	파실 때 ⇕	파실 때 스프레드 ⇕	사실 때 ⇕	사실 때 스프레드 ⇕	
미국 달러	USD	1,353.10	1,340.20	1,366.00	1,329.43	1.75	1,376.77	1.75	1.0000
일본 100엔	JPY	891.48	882.93	900.03	875.88	1.75	907.08	1.75	0.6588
유럽 유로	EUR	1,465.81	1,451.45	1,480.17	1,436.79	1.98	1,494.83	1.98	1.0833

환율 시세표(출처: 신한은행 홈페이지[12])

그런데 환율 시세표에는 여러 나라의 화폐 단위뿐만 아니라 '사실 때', '파실 때' 등 다양한 경우에 따른 환율이 표시되어 있습니다. 은행 홈페이지의 환율 시세표에는 '송금 받으실 때', '송금 보내실 때'와 같이 더 다양한 상황이 추가되어 있지요. 분명히 환율은 외국 화폐에 대한 자국 화폐의 값어치라고 했는데 환율이 여러 가지로 표시된다니, 상황에 따라 화폐의 값어치가 이리저리 바뀐다는 뜻처럼 느껴집니다. 물론 그렇지는 않겠지요. 자세한 설명에 들어가기 전에, 위의 환율 시세표를 한번 잘 살펴보면 좋겠습니다. 어떤 규칙이 있는지, 모르는 말이 있는지 먼저 생각해봅시다.

위 표에서 첫 번째, 두 번째 열은 어렵지 않게 알 수 있을 것 같습니다. 어느 나라의 화폐에 대한 환율인지, 통화를 나타내는 이름은 무엇인지를 표시하는 열이네요. 세 번째와 네 번째 열부터는 말이 조금 어렵습니다. '현찰'을 '사실 때'라는 말이 아무래도 어색하죠. 간단히 환전하고자 하는 외국 화폐를 '현찰'이라는 일종의 상품으로 생각해봅시다. 그러면 '현찰 사실 때'는 한국 돈을 주고 외국 돈이라는 상품을 살 때의 가격, '현찰 파실 때'는 외국 돈이라는 상품을 팔고 한국 돈을 받을 때의 가격이라는 걸 알 수 있습니다.

그런데 외국 돈을 팔 때보다 살 때의 가격이 더 비싸죠? 결국 소비자는 외국 화폐를 살 때는 비싸게 사고, 팔 때는 싸게 판다는 말입니다. 송금의 경우에도 마찬가지입니다. 누군가 외국 돈을 송금해주면 그 외국 돈을 팔아 한국 돈으로 바꾸어야 하니 낮은 가격을, 송금을 보낼 땐 한국 돈으로 외국 돈을 사서 송금해야 하니 높은 가격을 받는다고 보면 됩니다.

그런데 현찰 사실 때와 파실 때, 그리고 송금 받으실 때와 보내실 때를 잘 살펴보니 어떤 규칙성이 보입니다. 찾으셨나요? 현찰 사실 때와 파실 때, 송금 받으실 때와 보내실 때의 가격을 더해서 반으로 나누면 매매기준율의 가격이 나오지요? 예를 들어 미국 달러의 경우 현찰 사실 때와 파실 때를 더하면 1,376.77+1,329.43=2,706.2이고, 이를 반으로 나누면 딱 1,353.10원이 나옵니다. 이 매매기준율은 외국 돈을 매매할 때, 즉 외환을 사고팔 때 기준이 되는 환율을 말합니다.

그러면 외환을 사고팔 때 기준 환율이 있는데 왜 상황에 따라서 환율이 다르게 적용되는지 의문이 생기죠? 이는 환전을 해주는 은행에서 받는 환전 수수료를 포함한 가격이기 때문입니다. 은행은 매매기준율의 일정한 비율을 수수료로 정하여, 소비자가 외환을 사고팔 때마다 수수료만큼의 이윤을 남깁니다. 가령 앞의 표에서 달러의 경우 '현찰 사실 때'와 매매기준율이 23.67원만큼 차이가 나는데, 이는 곧 은행이 1달러를 환전할 때마다 이 금액만큼 수수료로 가져간다는 뜻입니다.

한편 환전을 하다 보면 가끔 '90% 우대' 같은 광고를 보게 됩니다. 우대해준다니까 좋은 건 알겠는데, 실제로 무엇을 우대해준다는 말인지 잘 와닿지 않습니다. 은행에서 흔히 광고하는 환율 우대는 수수료에 대한 할인을 의미합니다. 가령 앞과 같은 환율 시세표에서 1달러당 수수료가 23.67원이라면, 90%를 우대한다는 것은 23.67×0.9=21.303원을 할인하여 수수료를 2.367원만 받겠다는 말입니다. 그러면 실질적으로 적용되는 환율은 1355.467원이 되겠지요. 환율로만 보면 적은 돈인 것 같지만, 환전하는 액수가 커질수록 실제 환율 우대 효과는 더욱 커집니다.

환율의 변화와 그 영향

환율은 외환의 수요와 공급에 따라 변합니다. 즉, 수출 증가, 외국인 관광객 유치, 외국인의 국내 투자 등으로 외환이 국내에 많이 공급되면 환율은 하락하고, 수입 증가, 자국민의 해외 여행, 외채 상환 등으로 외환 수요가 늘어나면 환율은 상승합니다. 이러한 환율 변화는 개인과 기업을 막론하고 여러 경제 주체에게 직간접적인 경제적 영향을 미칩니다.

환율이 상승하면 수출을 중심으로 하는 기업은 일반적*으로 수출이 증가합니다. 국내에서 생산한 물건에 가격 경쟁력이 생기기 때문입니다. 반면 수입을 중심으로 하는 기업은 수입에 어려움을 겪습니다. 같은 양의 물건을 수입하더라도 더 비싼 값을 주고 들여와야 하기 때문입니다. 환율이 상승하면 수입으로 들어오는 원자재 가격이 상승할 것이므로 국내 물가는 오를 가능성이 크겠죠. 외국에서 돈을 빌려 쓴 기업은 환율이

* '일반적'이라는 것은 일반적이지 않은 경우도 있다는 말입니다. 환율 상승은 수입 원자재 가격의 상승을 불러오기도 하는데, 만약 수출을 중심으로 하는 기업임에도 불구하고 수입 원자재를 사용하는 비중이 높다면 환율 상승으로 인한 가격 하락 효과가 미미할 수 있습니다.

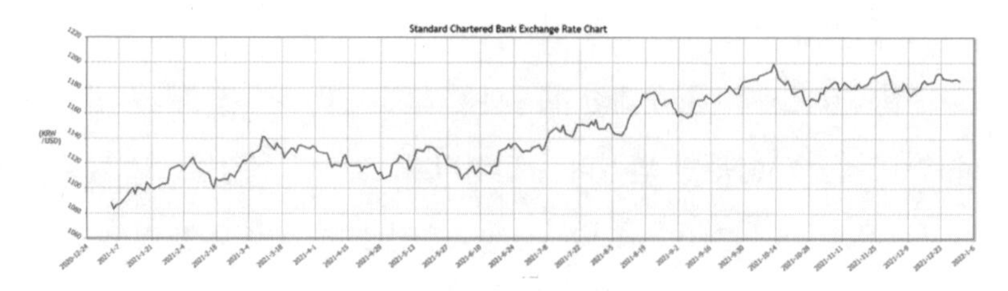

2021년 1월 1일 ~ 12월 31일까지의 원/달러 환율 변동 그래프 (출처: SC은행[13])

상승하면 원금 상환에 부담이 증가하겠고요. 같은 양의 외환을 빌렸더라도, 환율이 오르면 외화의 가치가 오를 테니까요. 환율의 하락은 이와 반대의 일이 벌어진다고 생각하면 됩니다.

개개인의 입장에서도 환율 변동은 경제적 영향을 미칩니다. 예를 들어 2021년의 원/달러 환율은 위 그림과 같이 전반적으로 상승하는 모습을 보였습니다. 만약 이 시기에 미국 대학으로 유학을 간 학생이 있다면, 경제적으로 불리한 상황에 놓였으리라고 예상해볼 수 있습니다. 같은 양의 한국 돈을 환전하더라도 더 적은 양의 돈을 받았을 테니까요. 또, 외국 사이트를 이용해 직구를 즐겨 하는 사람은 이 시기에 예년보다 더 높은 가격으로 물건을 샀을 가능성이 높습니다. 같은 100달러 상품을 사더라도 환율이 1,100원일 때와 1,300원일 때는 지불할 금액이 11만 원과 13만 원으로 차이가 나기 때문입니다.

환율은 우리의 경제 생활에 알게 모르게 영향을 미치기 때문에, 앞으로의 경기 변동을 예상하는 경제지표로 활용되기도 합니다. 따라서 경제에 관심을 갖는 사람이라면 여러 경제지표와 함께 환율의 변화를 눈여겨보아야 하겠지요?

세금

피할 수 없다면 알고 활용하기

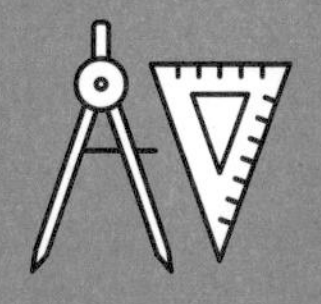

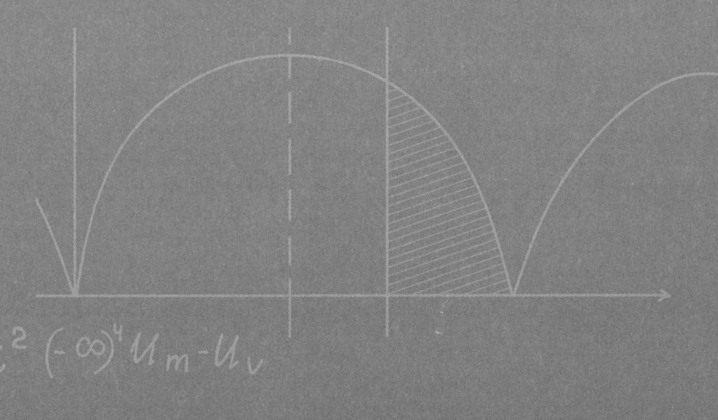

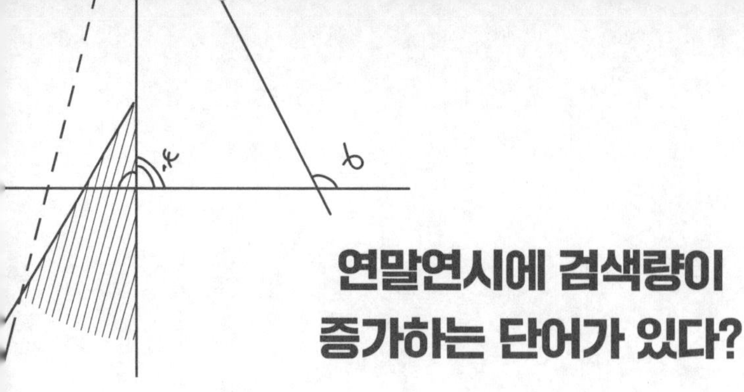

연말연시에 검색량이 증가하는 단어가 있다?

아래는 어떤 단어의 월별 검색량*을 나타낸 그래프입니다. 1월과 5월에 검색량이 많아지는 이 단어는 무엇일까요?

정답은 '세금'입니다. 1월과 5월에 세금의 검색량이 많아지는 이유는 1월, 5월에 각각 있는 연말정산과 종합소득세 신고 때문입니다.

아마 매년 연말 '올해 연말정산 어떻게 달라지나', '13월 월급 연말정산'과 같은 제목의 기사를 본 적이 있을 겁니다. 연말정산이란 1년간 실

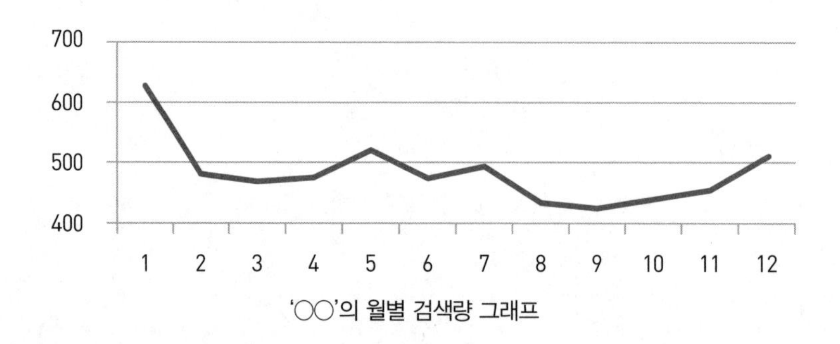

'○○'의 월별 검색량 그래프

* 구글트렌드를 이용하여 2011년부터 2022년까지의 월별 검색량을 더하여 그래프로 나타내었습니다.

제로 낸 세금과 냈어야 하는 세금을 비교하여 그 차이만큼을 환급하거나 추가로 징수하는 제도를 말합니다. 연말정산을 어떻게 준비하느냐에 따라 환급액이 커지거나 추징액이 적어지기 때문에, 평소에 세금에 관심이 없던 사람이라도 이때만큼은 열심히 관련 정보를 찾게 됩니다.

그런데 막상 세금을 공부해보면 생각보다 어렵다는 생각을 지울 수 없습니다. 소득 구간이 어쩌고 과세표준이 어쩌고 하는 용어 자체도 이해하기 어렵고, 세금이 산출되는 수식은 더더욱 어렵습니다. 꼬박꼬박 세금을 내는 입장에서는 제대로 설명도 해주지 않으면서 괜히 돈만 뜯기는 기분이 들어 불만이 생기기도 합니다. 그러니 세금에 거리감이 생기는 것도 한편으로는 자연스러운 일인 것 같습니다.

이러한 거리감이 생기는 가장 큰 이유는 우리가 세금을 제대로 배워본 적이 없기 때문이 아닐까 싶습니다. 성인이 되면서 자연스럽게 세금 낼 일은 많아지는데, 학교에서 세금을 가르쳐주는 경우는 많지 않으니까요. 그래서 여기에선 세금에 대한 내용을 조금 다뤄보려고 합니다. 세금에 어떤 종류가 있는지, 소득세나 부가가치세 같이 일상에서 자주 접하는 세금이 어떤 구조로 부과되는지를 설명하겠습니다.

세금의 종류, 얼마나 알고 있을까?

세금税金은 국가나 지방자치단체가 경비로 사용하기 위해 법에 따라 국민이나 주민으로부터 거두어들이는 금전을 의미합니다. 거두어들인 세금은 안정적인 사회 운영과 사회기반시설 구축 등에 쓰이므로 세금은 사회에서 살아가는 데 필요한 일종의 회비라고도 볼 수 있습니다.

세금은 기준에 따라 여러 종류로 나뉩니다. 세금을 걷는 주체가 중앙정부인지, 지방자치단체인지에 따라 국세와 지방세로 나뉘고, 세금을 뗄 대상이 국경 내부에 있는지 외부에 있는지에 따라 내국세와 관세로 나뉩니다. 또 조세의 사용 목적이 정해져 있는지 아닌지에 따라 보통세와 목적세로 나뉘고, 세금을 부담하는 방법에 따라 직접세와 간접세로 나뉩니다. 우리는 세금을 내는 입장이므로 여기에선 세금을 부담하는 방법에 따른 분류인 직접세와 간접세를 집중적으로 알아보겠습니다.

직접세란 세금을 내는 사람과 세금을 실제로 부담하는 사람이 일치하는 세금을 말합니다. 직접세의 예시로는 소득세가 있습니다. 소득세란 일이나 사업, 혹은 은행에서 받는 이자 등 특정 활동으로 소득이 발생했을 때 부과되는 세금을 말합니다. 소득이 발생한 개인이 세금을 부담하고, 실제로 세금도 자기 이름으로 직접 냅니다. 반면 **간접세**는 세금을 내는 사람과 세금을 실제로 부담하는 사람이 일치하지 않는 세금을 말합니다. 흔히 상품 가격의 10%를 낸다고 알려진 부가가치세가 대표적인 간접세입니다. 부가가치세는 상품 가격에 포함되어 있기 때문에 실제로 부가가치세를 부담하는 주체는 소비자이지만, 세금을 국가에 내는 주체는 판매자입니다.

많이 벌수록 많이 내는 누진세율

이제 직접세 중 앞서 언급한 연말정산으로 앞으로 자주 접하게 될 소득세가 무엇인지 알아보겠습니다. 소득세에는 **누진세율**을 적용해야 합니다. 만약 모든 사람에게 같은 금액의 소득세를 부과한다면 소득이 낮은 사람에게는 상대적으로 조세 부담이 커질 거예요. 연간 1억 원을 버는 사람과 100만 원을 버는 사람이 똑같이 10만 원의 세금을 낸다면 불합리하겠죠. 따라서 대부분의 나라에서는 소득세에 누진세율을 적용합니다. 즉, 일반적으로 돈을 많이 벌면 세금을 많이 냅니다. 우리나라에서는 아래 표[14]와 같이 과세표준*에 구간을 두어 구간에 따라 차등적으로 세율을 적용합니다.

누진세를 적용하는 방법은 단순 누진세율과 초과 누진세율이 있습니다. 단순 누진세율은 높은 과세표준에 따라 높은 세율을 일괄적으로 적용하는 방법이고, 초과 누진세율은 과세표준의 구간을 나누어 초과 금액에 대해서만 해당 구간의 세율을 각각 적용하여 더하는 방법입니다. 예를 들어 누군가의 과세표준이 5200만 원이라고 생각해보겠습니다. 표에

과세표준(단위: 만 원)	세율	누진공제(단위: 만 원)
1400만 원 이하	6%	-
1400만 원 초과 5000만 원 이하	15%	126만 원
5000만 원 초과 8800만 원 이하	24%	576만 원
8800만 원 초과 1억 5000만 원 이하	35%	1544만 원
1억 5000만 원 초과 3억 원 이하	38%	1994만 원
3억 원 초과 5억 원 이하	40%	2594만 원
5억 원 초과 10억 원 이하	42%	3594만 원
10억 원 초과	45%	6594만 원

종합소득세 세율(2023년 개정 이후)

* 소득세는 소득 전체에 부과하는 것이 아니라, 소득 중 일정 요건(인적공제, 연금보험료 공제 등)을 충족하는 금액을 뺀 나머지 금액에 대해서만 부과합니다. 이때 실제로 소득세를 부과할 대상이 되는 금액을 과세표준이라고 합니다.

따르면 5200만 원이 포함되는 구간의 세율은 24%입니다. 이때 단순 누진세율로 계산하면 5,200×0.24=1,248(만 원)이 소득세가 됩니다. 한편 초과 누진세율로 계산하면 다음과 같이 구간별로 소득세를 계산해서 더해야 합니다.

- 0원 ~ 1400만 원에 부과된 소득세: 1,400×0.06=84(만 원)
- 1400만 원 ~ 5000만 원에 부과된 소득세: (5,000–1,400)×0.15=540(만 원)
- 5000만 원 ~ 5200만 원에 부과된 소득세: (5,200–5,000)×0.24=48(만 원)

→ 구간별로 부과된 세금을 합하면 5200만 원에 대한 소득세는 672만 원

현재 대부분의 국가에서는 초과 누진세율을 적용합니다. 단순 누진세율을 적용하면 때때로 소득이 더 많더라도, 소득세를 내고 나면 실질 소득이 더 적어지는 경우가 발생하기 때문입니다.*

하지만 초과 누진세율을 적용하여 소득세를 계산하면 위와 같이 세금 계산이 복잡해진다는 단점이 있습니다. 구간별로 대응되는 세금을 따로따로 계산해서 더하니 단순 누진세율보다 복잡해지는 건 어쩔 수 없겠지요. 그런데 여러 번 강조했듯이, 복잡한 일을 간단하게 만들어주는 게 수학의 힘입니다. 모종의 수학적 계산으로 산출된 '누진공제'를 이용하면 초과 누진세율이 적용된 소득세를 간단하게 계산할 수 있습니다.

---

* 예를 들어 4900만 원을 버는 경우와 5100만 원을 버는 경우에 각각 단순 누진세율을 적용해봅시다. 4900만 원을 벌 때는 소득세를 내고 나면 4165만 원이 남고, 5100만 원을 벌 때는 3876만 원이 남죠? 더 많이 버는데 세금을 내고 나니 손에 남는 게 더 적다면 기분이 썩 좋지는 않을 것 같습니다.

예를 들어 앞과 같이 과세표준이 5200만 원으로 결정되는 경우를 생각해봅시다. 이때 5200만 원이 해당되는 구간의 세율은 24%입니다. 누진공제를 이용할 때는 일단 단순 누진세율을 적용할 때처럼 5200만 원에 세율을 곱합니다. 그러면 5,200×0.24=1,248(만 원)이 나오죠. 여기에서 누진공제액을 빼면 1,248-576=672(만 원)가 나오고요. 구간별로 계산한 앞의 결과와 같습니다. 훨씬 간단하죠? 구간별 누진공제액이 결정되는 원리는 뒤에서 좀 더 자세히 설명하겠습니다. 여기에선 복잡한 초과 누진세율을 적용하는 대신 누진공제를 사용할 수 있다는 정도로만 이해하면 됩니다.

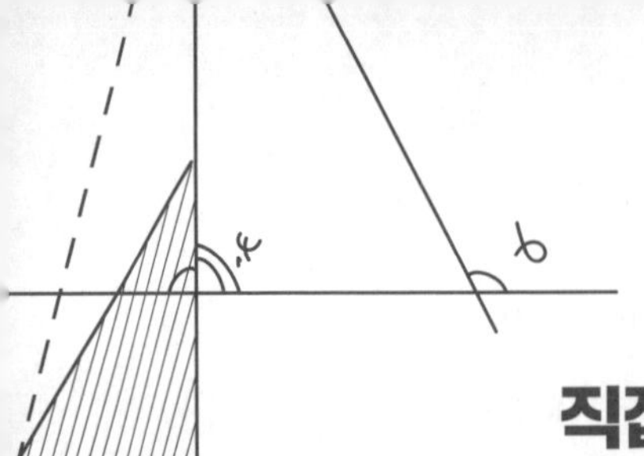

직접세와 간접세, 얼마나 내고 있을까?

이제 간접세를 알아봅시다. 대표적인 간접세로는 부가가치세가 있습니다. 부가가치세는 판매 상품에 부과되는 세금입니다. 판매자는 판매 가격에 부가가치세를 포함하여 소비자에게 물건을 판매하고, 소비자를 대신하여 이 세금을 납부합니다. 세금을 부담하는 사람은 소비자이고, 세금을 내는 사람은 판매자이니 세금을 부담하는 사람과 실제로 납부하는 사람이 다르다는 사실을 알 수 있습니다.

우리나라는 과세물품 가격의 10%를 부가가치세로 정해두었습니다. 예를 들어 어떤 상품의 가격이 2만 원이라면, 실제로 소비자에게 판매되는 가격은 2만 원의 10%인 2,000원이 포함된 2만 2,000원입니다.

그런데 모든 판매 상품에 부가가치세가 부과되는 것은 아닙니다. 쌀, 채소, 흰 우유, 계란 등 기초 생활필수품이나 도서관, 박물관 입장 요금 등 국민 복지와 관련된 일부 품목에는 부가가치세를 부과하지 않습니다. 다음 그림은 마트에서 물품을 구매하고 받은 영수증입니다. 영수증을 잘 보면 일부 품목에 '*' 또는 '#' 표시가 붙어 있는데, 이는 곧 부가가치세가 포함되지 않은 상품이라는 뜻입니다.

NO.	상품명	단가	수량	금액
001	오뚜기/진라면순한맛멀티 5입			
	8801045522234	2,980	1	2,980*
002	무항생제10구(HACCP인증) 10구			
	8809312220470	3,980	1	3,980*#
003	풀무원/말랑말랑누들떡볶이 2인			
	8801114142219	5,980	1	5,980
004	강릉아삭콩나물 300g/수입			
	8809408200041	1,000	1	1,000 #
005	청정원/딸기잼 370g			
	8801052034508	7,600	1	7,600
006	청정원/어린이한입쏙두기 300g			
	8801024956661	5,350	1	5,350 #
007	재사용봉투 10ℓ			
	22000040	410	1	410 #

(*)할인금액 : -1,690
(#)면세물품 : 10,740
과 세 물 품 : 15,055
부가세(VAT) : 1,505
합 계 : 27,300
신용카드지불 : 27,300

면세 물품이 포함된 영수증

우리에게 익숙한 간접세의 또 다른 예시로는 개별 소비세가 있습니다. 개별 소비세는 사치품이나 고급 서비스의 소비를 억제하고자 특정 물품이나 특정 장소에 높은 세율을 적용하는 세금을 말합니다. 예를 들어 보석, 자동차, 귀금속과 같은 고가의 제품이나 경마장, 카지노, 고급 골프장에 개별 소비세가 적용됩니다.

가끔 뉴스에서 자동차 개별 소비세를 30% 인하한다는 기사를 볼 수 있습니다. 자동차의 개별 소비세는 공급 가격의 5%로 결정되는데, 자동차 개별 소비세를 30% 인하한다는 말은 이 5%에 대하여 30%를 인하한다는 뜻입니다. 예를 들어 공급 가격이 2400만 원인 자동차의 개별 소비

헤럴드경제 · 2022.06.21. · 네이버뉴스

대통령실 "자동차 개별 소비세 30% 인하 6개월 연장...돼지고...

식용유·밀가루·돼지고기 등 주요 생필품 13개 품목"이라며 "여기에 대한 할당관세를 0% 적용하는 것으로 국무회의에서 의결됐다"고 설명했다. 그러면서 "이것과 함께 의결된 또다른 조치는 자동차 개별소비세율 인하 ...

자동차 개별 소비세 인하에 대한 기사

세는 2400만 원의 5%인 120만 원입니다. 여기에서 개별 소비세 30%를 할인한다는 것은 120만 원의 30%인 36만 원을 할인하여 최종적인 개별 소비세가 84만 원이 된다는 뜻입니다.

과세표준에 따른 누진공제액의 원리

앞서 초과 누진세를 쉽게 계산하는 데 누진공제액을 사용한다고 설명했습니다. 해당 과세표준 구간의 세율을 곱하고, 구간별 누진공제액을 빼면 신기하게도 초과 누진세율의 정의에 따라 계산한 것과 같은 결과가 나왔지요. 그러면 이 누진공제액은 어떤 원리로 결정되는 걸까요?

과세표준(단위: 만 원)	세율	누진공제(단위: 만 원)
1400만 원 이하	6%	-
1400만 원 초과 5000만 원 이하	15%	126만 원
5000만 원 초과 8800만 원 이하	24%	576만 원
8800만 원 초과 1억 5000만 원 이하	35%	1544만 원
1억 5000만 원 초과 3억 원 이하	38%	1994만 원
3억 원 초과 5억 원 이하	40%	2594만 원
5억 원 초과 10억 원 이하	42%	3594만 원
10억 원 초과	45%	6594만 원

종합소득세 세율(2023년 개정 이후)

이를 알아보기 위해 다시 한번 종합소득세 세율표를 사용하겠습니다. 과세표준을 x라고 생각합시다. 만약 x가 1400만 원 이하라면 이때의 초과누진세는 6%를 적용한 $0.06x$가 됩니다.

만약 과세표준이 1400만 원 초과 5000만 원 이하라면 초과누진세는 구간에 따라 6%와 15%를 적용한 금액이 됩니다.

$$1400 \times 0.06 + (x-1400) \times 0.15 = 84 + 0.15x - 210$$
$$= 0.15x - 126 (\text{만 원})$$

뭔가 눈에 익은 금액이 나오죠? 한 번 더 해보겠습니다. 과세표준이 5000만 원 초과 8800만 원 이하인 경우 초과누진세를 계산해볼까요?

$$1400 \times 0.06 + (5000-1400) \times 0.15 + (x-5000) \times 0.24$$
$$= 84 + 540 + 0.24x - 1200 = 0.24x - 576 (\text{만 원})$$

여기서도 눈에 익은 576만 원이 나옵니다. 이제 느낌이 오지요? 누진공제액은 각 구간에서 부과되어 누적된 금액과 과세표준 구간의 왼쪽 끝값 및 해당 구간의 세율에 의해 결정되는데, 이는 모두 상수이므로, 과세표준에 따른 누진공제액은 앞의 표와 같이 미리 계산해둘 수 있습니다.

이렇게 계산된 초과누진세를 함수로도 표현할 수 있습니다. 초과누진세를 함수 $f(x)$로 표현하면 구간별로 다음과 같은 함수로 나타납니다.

$$f(x)=\begin{cases} 0.06x & (0<x\leq 1,400\text{만}) \\ 0.15x-126 & (1400\text{만}<x\leq 5000\text{만}) \\ 0.24x-576 & (5000\text{만}<x\leq 8800\text{만}) \\ 0.35x-1544 & (8800\text{만}<x\leq 1\text{억}5000\text{만}) \\ 0.38x-1994 & (1\text{억}5000\text{만}<x\leq 3\text{억}) \\ 0.40x-2594 & (3\text{억}<x\leq 5\text{억}) \\ 0.42x-3594 & (5\text{억}<x\leq 10\text{억}) \\ 0.45x-6594 & (10\text{억}<x) \end{cases}$$

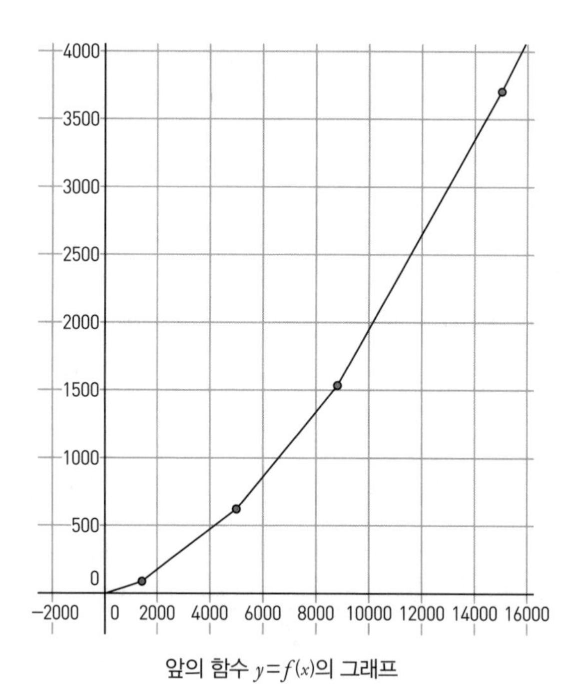

앞의 함수 $y=f(x)$의 그래프

이 함수 일부($0 < x \leq$ 1억 5000만)를 아래와 같이 그래프로 나타내볼 수 있습니다. 함수식이 정의되는 각 구간마다 그래프의 기울기가 다르다는 것이 시각적으로 드러납니다. 이때 그래프의 기울기는 과세표준에 적용되는 세율을 의미하므로, 과세표준이 높을수록 적용되는 세율이 높아진다는 사실을 알 수 있습니다. 과세표준이 높은 구간에서는 상대적으로 많은 세금을 낸다는 뜻이죠. 또한 기울기가 커진다는 것은 함숫값이 빠르게 증가한다는 뜻이므로, 과세표준이 높은 구간일수록 소득세가 빠르게 늘어난다는 사실을 알 수 있습니다.

이와 같이 다소 복잡해 보이는 누진세 제도도 수학적인 표현으로 정리하고 시각적으로 나타내면 비교적 간단하게 이해할 수 있습니다. 과세표준과 소득세의 상대적인 크기가 과세표준 구간에 따라 달라진다는 사실이 함수의 그래프에서는 기울기 변화로 한눈에 드러났듯이요.

여기까지 세금의 의미와 종류, 직접세와 간접세를 알아보았습니다. 복잡하고 거리감 있게 느껴지던 세금이 조금은 가깝게 느껴지는지 모르겠습니다. 사실 그래도 세금은 여전히 어렵습니다. 어려운 걸 쉽다고 할 순 없죠. 여기서 필요한 건 어렵다고 어려운 채로 남겨두지 않고 스스로 찾아보고 공부해서 하나라도 더 알려고 하는 태도라고 생각합니다. 미국 건국의 아버지 벤저민 프랭클린Benjamin Franklin(1706~1790)은 "누구도 피할 수 없는 것은 죽음과 세금뿐이다"라고 말하기도 했지요. 우리가 어디 죽음과 세금만 피할 수 없을까요. 살아가면서 계속 무언가를 배우는 것도 피할 수 없는 일이라고 생각합니다.

경제 리터러시

경제지표로 국제사회 문제 드러내기

앞서 경제지수를 다루면서 GDP를 비롯해 각종 경제지표를 알아보았었지요? GDP를 알아본 김에, 여기서는 GDP와 몇 가지 지표의 관계도 함께 살펴보려 합니다. 자료를 찾는 데에는 갭마인더Gapminder[15]라는 프로그램을 사용하겠습니다. 갭마인더는 스웨덴의 비영리 통계 분석 서비스로, UN의 데이터를 바탕으로 한 여러 통계 자료를 시각화해서 제공합니다. 갭마인더는 홈페이지에서 바로 사용할 수 있습니다. 여기에서 사용하고자 하는 것은 홈페이지 중간에 있는 'Animating Data' 기능입니다.

갭마인더 홈페이지의 Animating Data

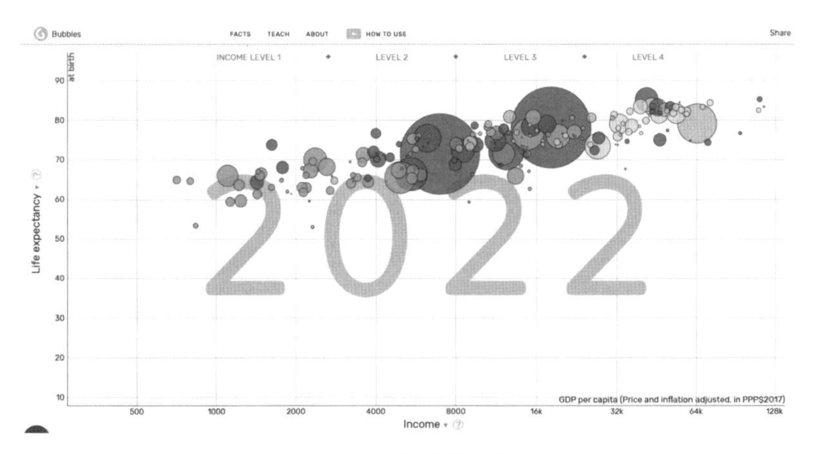

소득과 기대수명의 관계

Animating Data로 들어가면 위와 같은 거품형 차트가 하나 나옵니다. 여기에서 x축은 1인당 GDP로 개개인의 평균 소득을, y축은 기대수명을 의미합니다. 차트에 그려진 원은 각각 한 국가를 나타내고 원의 크기는 해당 국가의 인구를 반영합니다. 반지름이 클수록 인구가 많다는 뜻이지요. 차트를 보면 소득이 높은 국가일수록 기대수명이 높다는 것을 알 수 있습니다.

y축의 항목을 바꿔가면서 다른 차트를 그려볼 수도 있습니다. 다음은 각각 소득과 1인당 이산화탄소 발생량, 소득과 위생시설 이용률 사이의 관계를 나타낸 차트입니다. 역시 소득이 높은 국가일수록 1인당 이산화탄소 발생량과 위생시설 이용률이 높다는 사실을 확인할 수 있네요. 즉 소득이 높은 국가일수록 환경을 더 많이 오염시키고 있으며, 소득이 낮은 국가일수록 기초적인 위생시설조차 국민들에게 제공하지 않는다는 뜻이지요.

〈경제 수학〉 수업에서 경제지표 부분을 준비하며 생각한 프로젝트 활

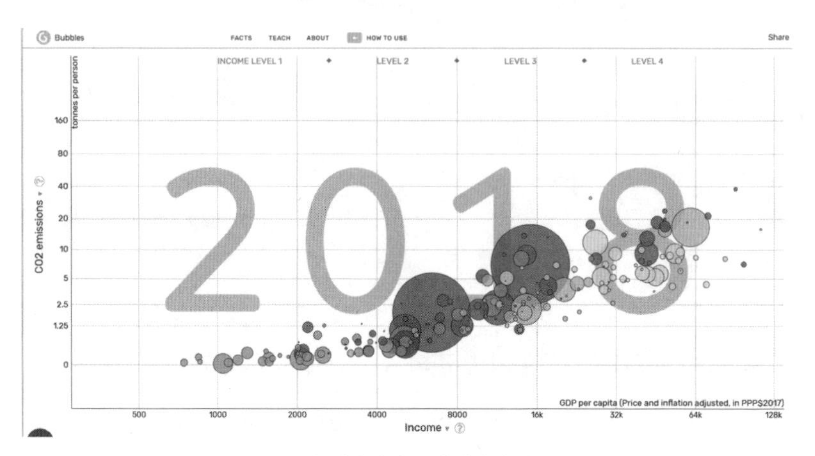

소득과 이산화탄소 발생량의 관계

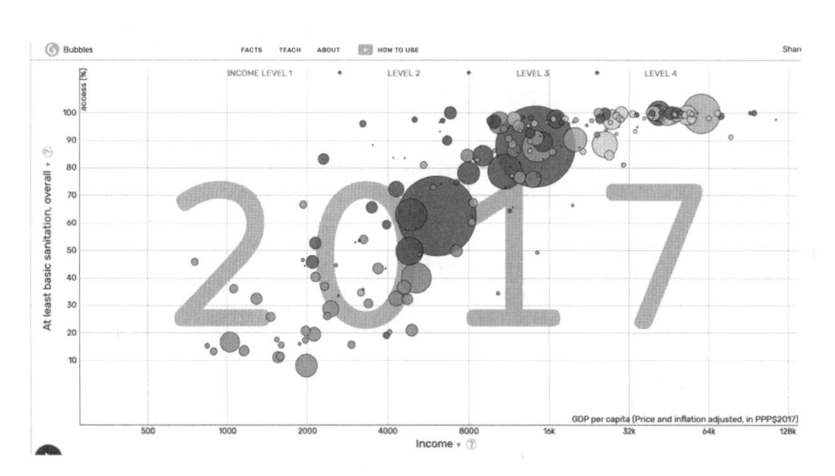

소득과 위생시설 이용률의 관계

동은 크게 두 가지였습니다. 첫 번째는 경제지표의 특징을 분석하여 스스로 경제지표를 만들어보는 활동이고, 두 번째는 주어진 경제지표를 활용해 사회적 현실을 해석하는 활동이었습니다. 경제지표 자체를 이해하는 데에는 스스로 경제지표를 구상해보는 활동이, 현실의 여러 경제지표를 피부에 와닿도록 접하는 데에는 경제지표로 사회적 현실을 이해해보는 활동이 더 효과적일 것 같았습니다. 저는 두 프로젝트 중 후자를 선택했습니다. 학생들의 삶을 생각했을 때, 경제지표를 직접 만들 일보다 경제지표를 읽고 활용하는 입장에 설 일이 더 많을 것 같았기 때문입니다.

이를 고려하여 준비한 프로젝트는 '지표로 국제사회 문제 드러내기'였습니다. 여기서는 갭마인더에서 제공하는 몇 가지 지표와 학생들이 직접 생각하고 만들어본 지표를 소개해볼까 합니다. 무엇보다 이 수업에서는 학생들이 다양한 지표를 읽고, 지표 간 관계를 해석하여 사회적 문제를 드러내는 비판적 자세를 갖기를 바랐습니다. 활동을 위해 만든 활동지는 다음 페이지에서 볼 수 있습니다.

활동지에 삽입된 사례는 갭마인더에서 기본적으로 제시해주는 통계자료입니다. 소득과 기대수명의 관계가 비교적 선명하게 양의 상관관계를 가진다는 사실을 볼 수 있습니다. 사람의 기대수명이 소득에 따라 결정된다는 사실이 어찌 보면 당연해 보이기도 하지만, 같은 종種에 속하는 인간이 빈부격차에 따라 20년 가까이 기대수명에 차이가 난다는 건 지나치지 않은가 싶습니다. 이러한 부분에 문제의식을 갖기를 바라며 프로젝트를 운영했습니다.

다음 지표는 소득과 유아 사망률의 관계를 시각화한 자료입니다. 소득이 높을수록 유아 사망률이 낮게 나타난다는 사실을 확인할 수 있습니다.

SJP2	지표로 국제사회 문제 드러내기	핵심 질문
		(경제)지표를 통해 국제사회 문제를 어떻게 효과적으로 드러낼 수 있을까?

반 :	번호 :	이름 :

■ 들어가며

우리는 경제지표를 통해 우리 사회의 경제적 상황이 어떤지를 파악할 수 있음을 배웠다. 그렇다면, 경제지표로 국제 경제 상황이 어떤지도 알 수 있지 않을까? 나아가, 지표 사이의 관계를 통해 국제사회에 존재하는 모순을 드려낼 수 있지 않을까?
다음의 사례를 하나 보자.

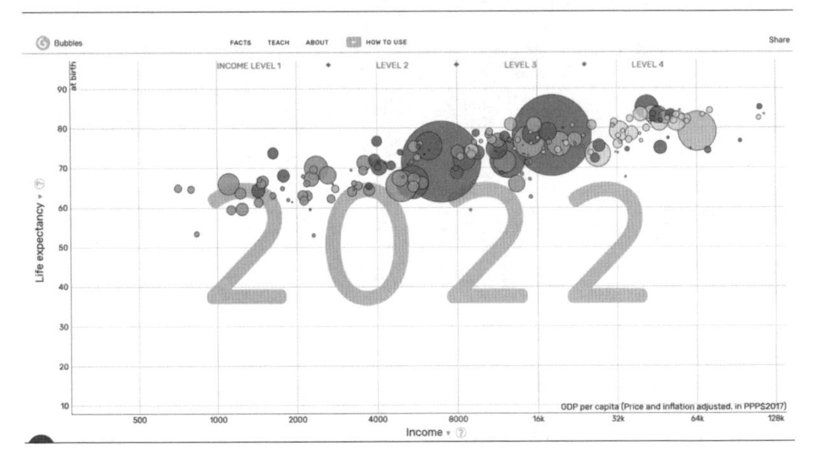

학생 프로젝트 활동지 도입부

비슷하게, 아래 자료는 학생이 소득, 위생 관리와 아동 사망률의 관계를 복합적으로 보여주기 위해 제시한 자료입니다. 소득이 높을수록 최소한의 위생시설을 갖춘 가정이 많고(각각 x, y축), 아동 사망률(원의 크기)이 낮아짐을 확인할 수 있습니다. 이 학생은 자료를 바탕으로 아동 사망률을 낮추기 위해 국제적인 차원에서 기본적인 위생 관리를 지원해주어야 한다고 주장했습니다.

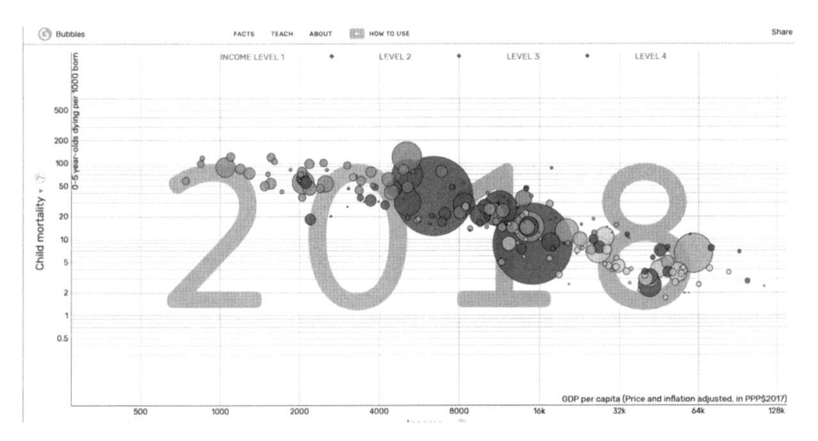

소득과 유아 사망률의 관계

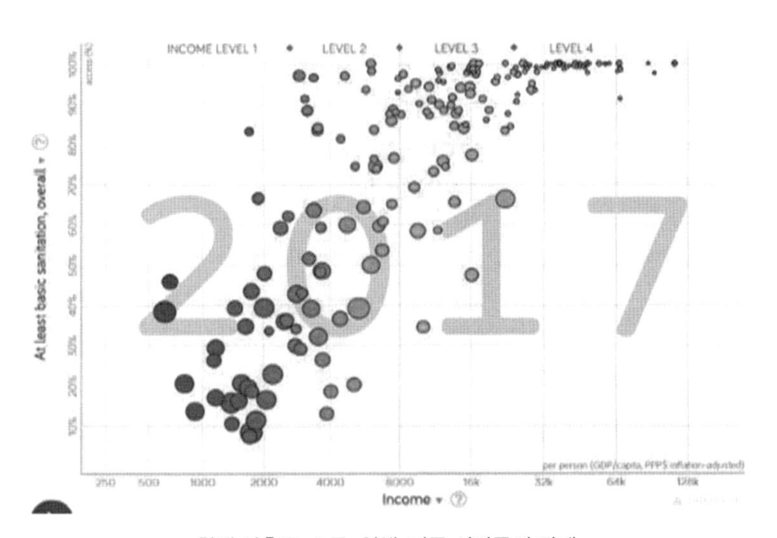

학생 산출물: 소득, 위생, 아동 사망률의 관계

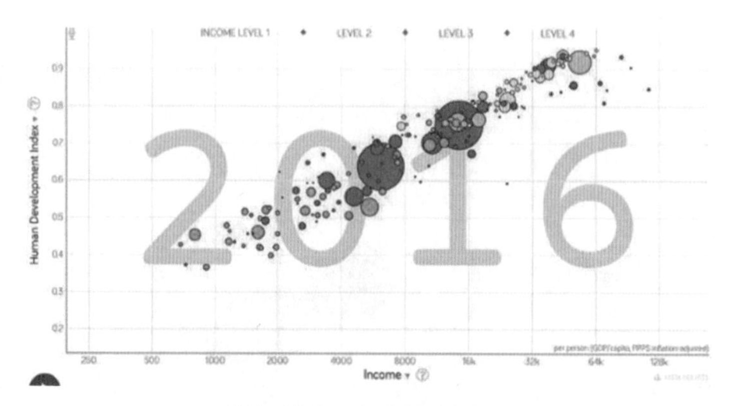

학생 산출물: 소득과 인간개발지수

경제 규모의 차이를 다른 지표와 함께 교차해서 보니 국가별 빈부격차가 어떻게 국민의 삶에 영향을 주는지 더 명료하게 느껴지지 않나요? 이렇듯 수치로, 시각적으로 정리한 자료는 현실을 보다 생생하게 보여줍니다.

위 자료는 '소득이 적다면 더 나은 삶을 꿈꾸지 못할까?'라는 주제로 학생이 작성한 보고서에서 발췌한 것입니다.

소득과 인간개발지수를 축으로 한 아래의 그래프는 둘 사이의 높은 상관관계를 보여줍니다. 인간개발지수는 각국의 교육 수준, 국민 소득, 평균 수명 등을 조사하여 평가한 지수입니다. 이 자료를 만든 학생은 아래의 차트를 바탕으로 국가별 소득이 높으면 좋은 인재가 나타날 가능성이 높기 때문에 각국의 발전 가능성은 빈부격차에 따라 달라질 것이라는 주장과 함께 이러한 빈부격차의 고착화를 막기 위한 국제사회의 인위적인 개입이 필요하다고 덧붙였습니다.

학생들은 프로젝트 후 다음과 같은 소감을 남겼습니다.

선진국과 개발도상국의 차이를 숫자로 비교해보면서 국제사회 문제의 심각성을 더 확실히 깨달을 수 있었다.

처음에 나는 x축을 문해율로, y축을 소득으로 잡았었다. 하지만 다시 생각해보니까 소득에 따라서 교육의 양질도 달라지는 것 아닌가 싶어서 지표를 서로 바꾸어 보았더니 바꾼 그래프의 모양이 더 예뻐서 자료로 선택했다. '교육이 먼저였을까 돈이 먼저였을까'를 고민하는 것 또한 꽤 어려웠다.

이번 경험을 통해 수집한 정보로 시각적으로 한눈에 들어오는 통계 자료를 제작하는 방법을 더 자세하게 배워보고 싶다는 생각을 했다.

생각지도 못한 사회적 문제를 스스로 찾아내면서 사회에 대한 견해가 조금 더 넓어졌다고 생각한다.

학생들의 소감을 살펴보면, 현상을 보다 객관적으로 나타내주는 숫자의 힘에 대한 감상, 변수 사이의 선후 관계에 대한 고민, 시각화의 필요성, 사회적 시야의 확장 등을 얘기하고 있습니다. 이러한 활동으로 학생들이 사회의 모습을 구체적으로 드러내는 하나의 도구로서 수학의 힘을 알게 되었으리라고 생각합니다.

줌인과 줌아웃으로 경제를 들여다보는 이유

2장에서는 비율을 이용하여 여러 경제지표를 나타내는 방법을 배웠습니다. 실업률과 고용률, 코스피지수와 소비자물가지수, 경제성장률, 환율 등 다양한 경제지표를 산출하는 방법을 소개하고 그 의미를 살펴보았지요. 이번 장을 읽으면서 신문이나 기사에서 인용하는 경제지표가 설명하는 바를 정확하게 파악하려면 지표의 정의를 이해할 필요가 있다는 점을 알 수 있었기를 바랍니다.

줌인과 줌아웃 얘기로 2장을 마무리하려고 합니다. 줌인과 줌아웃은 촬영 기법의 종류입니다. 줌인을 하면 카메라가 대상에 다가가서 가깝게 보이고, 줌아웃을 하면 대상에서 떨어져서 멀게 보입니다. 글을 읽는 데 적용해서 생각해보면 줌인은 글에 사용된 용어의 의미를 하나하나 이해하며 세세히 읽는 것, 줌아웃은 글의 전체적인 흐름이나 저자의 의도를 우선적으로 파악하며 읽는 것이라고 볼 수 있겠지요.

2장에서는 줌인에 초점을 맞췄습니다. 사실 우리는 복잡한 경제지표가 사용된 기사도 대략적으로는 의미를 파악할 수 있습니다. 글에서 사용된 어휘나 글의 뉘앙스를 살펴보면 경제가 위기인지 호황인지 정도는 보이니까요. 문제는 용어의 의미를 명확히 알지 못하면 글에서 그 이상의 정보를 파악하거나 비판적으로 해석하기가 어렵다는 겁니다. 가령 환율이 올라가서 경제가 위험하다는 식으로 기사가 나오는데, 애초에 환율이 어떤 원리로 오르내리는지 모른다면 이 경제 위험이 어떤 식으로 구체화되어 나에게 다가올지 생각할 수 없겠죠. 글의 의도가 추상적인 차원에서만 이해된다는 말입니다. 복잡한 경제지표가 아니라 단순히 백분율을 사용한 기사도 마찬가지입니다. 2023년 7월 13일 한 경제신문[16]에서는 프랑스의 최저임금이 7% 오를 동안 한국에서는 42%나 올랐다는 기사를 냈습니다. 그동안 최저임금이 많이 올랐으니 이제 그만 올려야 한다는 의도를 읽을 수 있지요. 그런데 우리나라의 최저임금은 기사에서 제시한 2017년에서 2022년까지 6,470원에서 9,160원으로 오른 반면 프랑스는 9.76유로에서 10.48유로로 올랐죠. 1유로를 1,400원으로 가정하면 13,664원에서 14,672원으로 오른 셈입니다. 프랑스와 한국의 GDP에 큰 차이가 없다는 점을 고려[17]하면, 한국의 최저임금이 9,160원으로 오른 걸 비판의 대상으로 삼을 일인가 싶습니다. 단순히 7%와 42%만을 보고 신문사의 말을 그대로 받아들이기엔 좀 이상하죠. 그러니 뭘 읽더라도 제대로 알고 비판적인 태도를 가져보자는 게 2장의 핵심이었습니다.

그러나 한편으로는 줌아웃하는 읽기 또한 필요한 것이 사실입니다. 올바른 사실로만 채워진 글이라고 하더라도 어떠한 사실을 담아낼지는 글쓴이의 의도에 달렸으니까요. 가령 2023년 초, 정부는 2022년 우리나라의 수출액이 6800억 달러를 넘기며 세계 6위 수출 대국을 달성했다고 홍보[18]한 바 있습니다. 이런 자료만 보면 2022년 우리나라 경제는 무척 행복했을 것 같은데, 앞뒤 맥락을 보면 사정이 조금 다릅니다. 실제로 2022년 우리나라 무역적자는 역대 최대인 472억 달러를 기록[19]했으니까요. 무역 분야에서 수출액이 매우 컸다는 정부의 발표는 경제 상황이 좋았다고 국민들을 설득하려는 의도였을 텐데, 정작 무역수지는 역대 최대적자를 기록했으니 이는 결국 현실 경제 상황을 제대로 반영하지 않았다는 뜻이겠지요. 이렇게 사실만을 포함한 자료라고 하더라도, 어떤 사실을 입맛에 맞게 골라서 글을 쓰느냐에 따라 글의 의도는 달라집니다. 그러니 줌아웃을 해서 글쓴이의 의도, 글이 쓰인 맥락을 파악하며 읽는 비판적 자세 또한 줌인 못지않게 필요하겠지요.

결국 글을 가깝게, 혹은 멀게 바라보며 읽는 태도를 모두 견지해야 합니다. 둘 중 하나를 선택할 것이 아니라 둘 다 할 수 있어야 하죠. 2장이 여러분에게 줌인과 줌아웃을 생각해보는 계기를 주었기를 바랍니다.

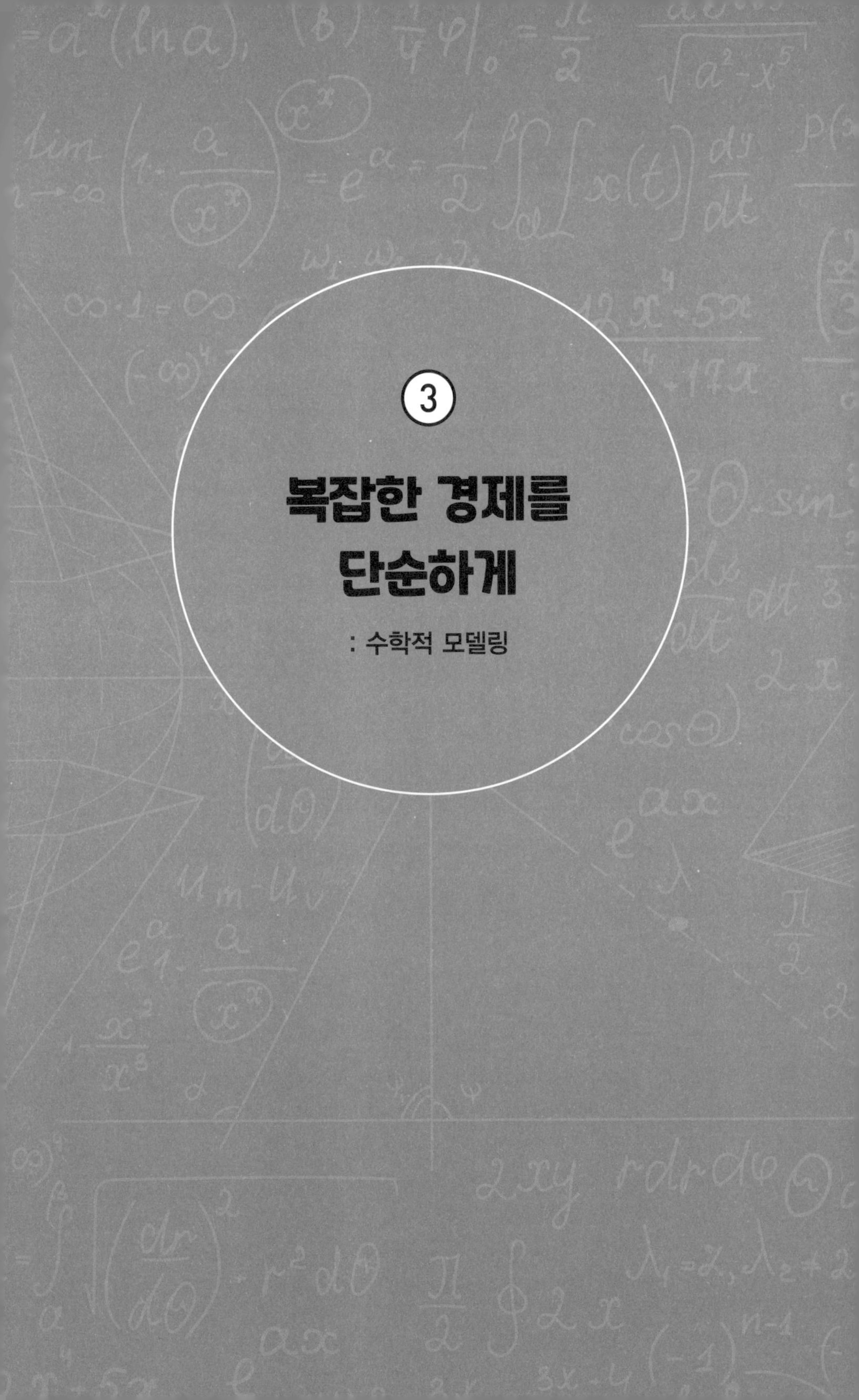

3

복잡한 경제를 단순하게

: 수학적 모델링

경제 현상을 설명하는 수학적 모형

경제를 공부하다 보면 필연적으로 다양한 수학적 표현과 만납니다. 중학교 사회 시간에 배우는 생산곡선, 소비곡선만 하더라도 사실은 가격에 따라 수요가 결정된다는 상관관계를 나타내는 함수 그래프이죠. 이 밖에도 미적분, 선형대수학 등 여러 분야의 수학이 경제 현상을 설명하는 데 사용됩니다.

수학을 이용하여 경제 현상을 설명한 잘 알려진 경제학자로는 영국의 알프레드 마셜Alfred Marshall (1842~1924)[1]이 있습니다. 그는 1842년 런던에서 태어나 케임브리지대학교에서 수학과 물리학을 전공하였습니다. 그는 어느 날 '영국은 세계 최고의 부자 나라임에도 불구하고 왜 이렇게 빈민이 많은가?' 하는 의문을 품게 되지요. 빈민 문제를 가볍게 여길 수 없던 그는 의문을 해결하고자 경제학 연구에 몰입합니다. 바로 이러한 과정에서 수학을 사용해 경제 현상을 표현하기에 이릅니다. 수학을 전공한 사람이 경제학을 연구했으니, 수학을 이용해서 문제를 해결하려고 하는 것은 자연스러운 일이겠지요.

이때 마셜은 경제 현상을 설명하는 수학적 모형을 세우는 방식을 사용했습니다. 예를 들어 '소득이 높아지면 그로부터 얻는 만족도(효용)는 점차 낮아진다'는 사실을 기울기가 감소하는 함수의 그래프와 미분을 이용한 수식으로 설명하는 방식입니다. 또 가격이 올라가면 수요가 적어지

실제와 모형의 관계

고, 가격이 낮아지면 수요가 많아진다는 현상을 수요와 가격의 반비례 그래프로 나타냈지요. 이렇게 수학적 모형을 사용하면 실제 현상에 얽힌 여러 변수의 영향을 제거하고 본질적인 부분만을 드러내어 현상을 설명할 수 있다는 장점이 있습니다. 위의 코끼리 그림처럼 복잡한 현상을 보다 명료하고 알기 쉽게 만드는 것이지요.

물론 이때 현상의 어떤 면을 본질적인 부분이라고 생각하여 초점을 맞출지는 수학적 모형을 만드는 사람의 선택에 달렸습니다. 같은 현상을 보더라도 개인마다 중요하다고 생각하는 부분이 다를 테니까요. 이렇게 말하니 수학적 모형을 세우는 일이 자기 입맛에 맞게 마음대로 해도 되는 일처럼 느껴집니다. 그런데 사실 모든 수학적 모형은 일정한 가정 위에서 만들어질 수밖에 없습니다. 현상에 영향을 미치는 여러 요소를 동시에 설명하기에는 무리가 있으니까요. 특정한 관점을 바탕으로 가정을 세우고 현상을 단순하게 만들어 문제 해결을 위한 실마리를 얻는 것이 수학적 모형이 필요한 이유지요.

마셜은 이러한 노력으로 경제학에 많은 흔적을 남기고, 1885년 케임브리지대학의 경제학과 교수가 됩니다. 그는 교수 취임 연설에서 "차가운

이성과 뜨거운 가슴cool heads but warm hearts"을 가지라는 요지의 말을 합니다. 수학의 눈을 바탕으로 현실의 빈곤 문제를 해결하고자 노력한 그의 의지가 드러나는 말이라고 생각합니다.

3장에서는 마셜처럼 수학을 이용해 경제 현상을 설명하는 사례들을 소개하려고 합니다. 함수와 미분, 행렬을 이용하여 경제 개념을 설명하고, 관련된 수학에 대해 좀 더 깊게 이야기해보도록 하겠습니다.

효용함수

소비자의 만족감을 수치로 표현할 수 있을까?

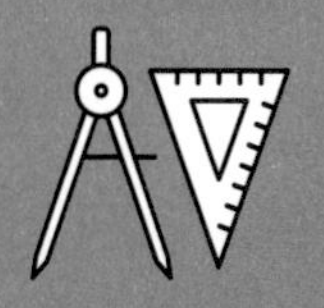

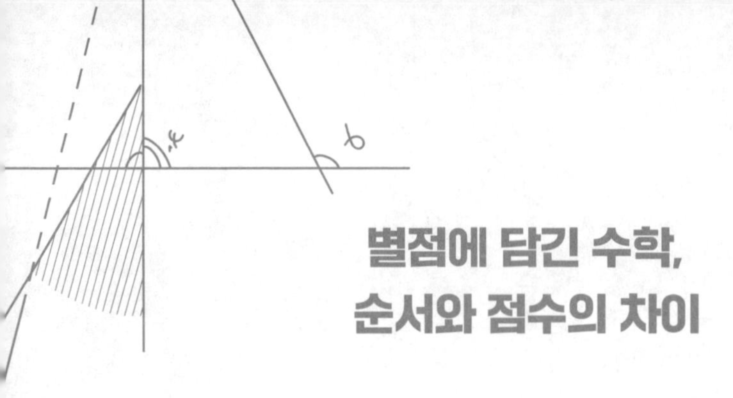

별점에 담긴 수학, 순서와 점수의 차이

누구나 상품을 구매하거나 서비스를 이용한 뒤 리뷰 사이트에 별점을 주어본 경험이 있을 것입니다. 별점을 결정하는 데에는 여러 요인이 작용하지요. 예를 들어 카페를 이용하고 별점을 준다면 카페에 주차장이 잘 되어 있는지, 점원이 친절한지, 음식이 맛있는지, 인테리어가 아름다운지, 시끄럽지는 않은지 등이 별점을 결정하는 요인이 될 겁니다. 물론 이러한 요소는 개인마다 다릅니다. 자동차를 이용하지 않는 사람이라면 주차 편의성은 별점을 결정하는 요인에서 빠질 테고, 아이를 가진 사람이라면 점원이 아이에게 얼마나 친절한지가 중요한 요인이 되겠지요. 사람들은 다양한 요인을 바탕으로 한 주관적인 만족도를 별점으로 매깁니다.

이렇게 소비자가 재화나 서비스를 이용하여 얻는 만족감을 **효용**utility 이라고 합니다. 효용은 개인의 만족감이라는 주관적이고 애매한 감정을 나타내기 때문에, 같은 재화나 서비스에 대한 효용이라도 사람마다 천차만별입니다.

효용에는 주관적인 요소가 담겨 있지만, 이를 수치화하여 표현하면 효용이 가진 여러 성질을 수학적인 방법으로 분석하고 설명할 수 있습니

별점으로 표현된 영화 감상평[2] 어느 식당에 달린 리뷰[3]

다. 방법은 크게 두 가지로 나뉩니다. 첫 번째는 효용의 크기에는 순서만을 매길 수 있다는 입장입니다. 효용은 개인의 주관적인 감정이기 때문에, 이를 수치로 표현하는 것은 무의미하다는 말이지요. 대신 이 입장에선 개인의 선택에 따른 효용의 순서를 고려합니다. 예를 들어 카페에서 같은 7,000원으로 조금 비싼 커피 1잔을 주문할 수도 있고, 적당한 커피와 치즈케이크를 주문할 수도 있는데 어느 쪽이 더 효용이 큰지 순서만 매길 수 있다는 주장입니다.

두 번째는 효용을 구체적인 수치로 표현할 수 있다는 입장입니다. 예를 들어 치즈케이크를 1개 먹었을 때의 효용이 10이라면, 2개 먹었을 때의 효용은 18, 3개 먹었을 때의 효용은 24로 표현하겠다는 것이지요. 이 두 입장에서 바라보는 효용을 각각 서수적 효용, 기수적 효용이라고 부르고, 각각의 입장을 발전시킨 이론이 경제학에서 말하는 무차별곡선이론과 한계효용이론입니다. 이 글에선 **기수적 효용**의 입장에서, 개인의 만족감을 구체적인 수치로 표현하는 방법을 조금 더 생각해보겠습니다.

왜 첫 잔이 가장 시원할까?
한계효용체감의 법칙

소비자가 느끼는 효용의 변화를 설명하는 요소로는 무엇이 있을까요? 예를 들어 시원한 음료수 1잔을 마시려고 하는 사람을 생각해보겠습니다. 만약 이 사람이 운동을 열심히 해서 목이 마른 상황이라면 음료수를 마신 뒤 효용의 변화가 매우 크겠죠. 반면 목감기에 걸려서 찬 음료를 먹기 힘든 사람이라면 시원한 음료수를 먹고도 만족감이 그리 높지 않을 것입니다. 상품에 대한 개인의 선호도에 따라 효용이 변하는 경우라고 볼 수 있겠죠. 이 밖에도 다양한 요소가 효용의 변화를 설명하는 변수로 작용합니다.

하지만 현실에 존재하는 변수를 모두 반영하려고 하면 효용을 수학적으로 표현하거나 다루기가 몹시 힘들어집니다. 변수가 많아질수록 변수 사이의 관계를 명확하게 설명하기도 어렵고, 수학적 모형을 만들었다고 해도 이를 다루기가 까다로워지지요. 그래서 수학적 모형을 만들 때는 보통 다른 변수는 변화하지 않는다는 식의 가정*을 두고, 중요한 변수만을 추려서 모형을 만듭니다.

경제학자들은 소비자의 재화나 서비스 소비량을 변수로 효용을 수학적으로 설명해왔습니다. 상품에 대한 소비자 개개인의 상황이나 선호는 결국 소비량으로 나타날 테니, 합리적인 판단이라는 생각이 듭니다. 이때 소비자가 일정 기간에 어떤 제품을 일정량 소비하며 얻는 효용을 U,

---

* 'ceteris paribus(다른 모든 것이 동일하다면)'라고도 합니다.

제품의 소비량을 Q라고 하면, U와 Q는 $U=f(Q)$와 같은 함수 관계로 표현됩니다. 이러한 함수를 **효용함수**라고 합니다.

효용함수는 구체적으로 어떤 함수일까요? 즉, U와 Q는 실제로 어떤 관계를 갖는 걸까요? 직관적인 이해를 위해 효용함수의 그래프를 같이 상상해보면 좋겠습니다. 앞의 목마른 사람이 물을 마시는 상황을 다시 가져오겠습니다. 만약 누군가가 목이 엄청나게 마른 상황이라면, 이 사람은 물을 1잔 마셨을 때 무척 행복해질 테니 효용의 변화가 큽니다. 그래도 갈증이 풀리지 않는다면 물을 2잔, 3잔 계속해서 마시겠지요. 그런데 물을 계속 먹다가 갈증이 해소될 즈음에는 더 이상 물이 처음처럼 달지 않습니다. 즉 처음에는 물 1잔에 따른 효용의 변화가 크다가, 나중에는 작아지지요. 이를 함수의 그래프로는 다음과 같이 표현합니다.

그래프를 보면 기울기가 점차 줄어드는 형태라는 것을 알 수 있습니다. 이는 소비량이 한 단위 증가할 때마다 늘어나는 효용의 크기가 줄어듦을 의미합니다. 쉽게 말해 아무리 좋은 것도 여러 번 먹거나 사용하

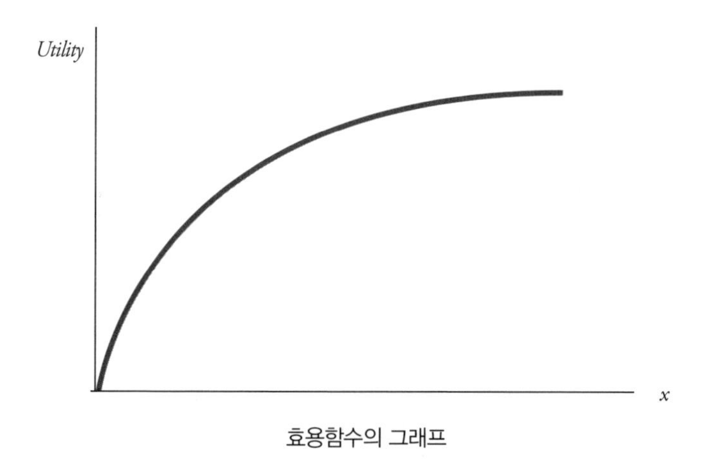

효용함수의 그래프

면 물린다는 말이지요. 이러한 현상을 **한계효용**[*]**체감의 법칙**이라고 부릅니다.

이렇게 만들어진 효용함수의 그래프는 우리가 실생활에서 경험하는 효용의 변화를 시각적으로 잘 보여줍니다. 이로써 우리는 사람들의 효용이 소비량에 따라 어떻게 변화할지를 예측하고 미리 대응할 수 있습니다. 예를 들어 기업은 효용함수의 그래프에서 아무리 좋은 상품이라도 소비자에게 오랫동안 노출되면 만족도가 떨어질 것이라는 사실을 예측할 수 있습니다. 그렇다면 소비자의 한계효용이 떨어질 때를 고려하여 새로운 상품이나 기존 상품의 개선을 준비해야겠지요.

* 한계효용이란 소비자가 어떤 재화나 서비스를 한 단위 사용했을 때의 효용 변화를 말합니다. 이때 한계는 영어로 'marginal'이라고 표현합니다. 경계, 주변 등의 의미이지요.

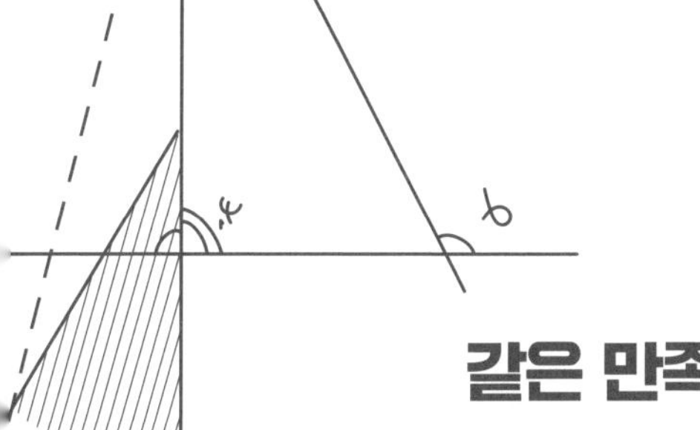

같은 만족감을 느끼는 사탕과 젤리의 조합

앞서 설명한 기수적 효용과 서수적 효용을 한번 정리해볼까요? 기수적 효용은 효용, 즉 개인이 재화나 서비스를 사용하고 얻는 만족감을 일정한 단위를 가진 수치로 나타낼 수 있다고 가정합니다. 이러한 가정은 한계효용이론으로 발전됩니다. 한편 서수적 효용은 개인이 가진 선택지 사이에서 효용의 순서만을 고려할 수 있다고 가정합니다. 예를 들어 빵 1개와 우유 1개를 살 때의 만족감을 70, 빵 2개를 살 때의 만족감을 100과 같이 나타낼 수는 없지만, 빵 1개와 우유 1개를 사는 것과 빵 2개를 사는 것 중 어느 쪽을 더 선호하는지, 아니면 선호하는 정도가 같은지는 말할 수 있다는 입장입니다.

서수적 효용 관점에서는 두 재화를 소비하는 여러 조합 중 효용의 크기가 같은 조합을 생각해볼 수 있습니다. 예를 들어 마트에서 젤리 1개와 사탕 12개, 젤리 3개와 사탕 4개, 젤리 4개와 사탕 3개, 젤리 12개와 사탕 1개를 사 먹을 때의 효용의 크기가 같다고 생각해보겠습니다. 다음 그래프는 각각의 조합을 점으로 나타내고, 곡선으로 연결한 것입니다. 좌표로 나타내지 않은 점 이외에도, 이 곡선 위에 있는 사탕과 젤리의 조

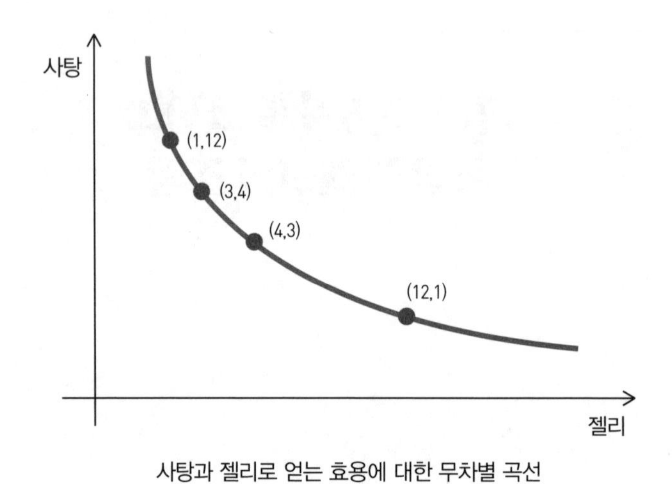

사탕과 젤리로 얻는 효용에 대한 무차별 곡선

합은 같은 크기의 효용을 가진다고 가정합니다. 즉, 소비자가 같은 수준의 만족을 느끼는 재화의 조합이지요. 이때 각 조합에서 얻는 효용의 크기가 다르지 않다고 하여, 이러한 곡선을 **무차별곡선** indifference curve 이라고 부릅니다.

무차별곡선에서 크게 세 가지 정도 흥미로운 점을 발견할 수 있습니다. 첫째, 원점에서 거리가 멀어질수록 소비자가 얻는 효용의 크기가 커집니다. 이는 소비자가 더 많은 상품을 사용할수록 더 큰 효용을 느낀다는 생각을 바탕으로 합니다. 앞선 상황에서라면 소비자는 사탕과 젤리를 더 많이 먹을 때 더 큰 효용을 느낄 테고, 그래프는 원점에서 더 멀리 그려지겠지요. 둘째, 무차별곡선은 교차하지 않습니다. 무차별곡선 위의 점은 같은 크기의 효용을 나타낸다는 가정 때문입니다. 만약 두 무차별곡선 사이에 교차점이 생긴다면 그것은 두 무차별곡선이 같은 곡선임을 의미합니다. 셋째, 무차별곡선은 보통 원점을 향해 오목한 형태로 그려집니다. 이는 소비자들이 더 큰 효용을 얻기 위해 자기가 더 많이 가진 상품을 기꺼이 포기하는 성향이 있다는 뜻입니다. 예를 들어 점 (1,12)에 있는 사람은 젤리가 1개, 사탕이 12개 있으므로 사탕이 질릴 수 있습니다. 그러니 같은 크기의 효용을 얻을 수 있다면, 기꺼이 자기가 많이 가진 사탕 8개를 포기하고 젤리 2개를 더 얻으려고 행동할 수 있겠지요.

무차별곡선: 가정이 달라지면 모형도 달라진다

지금까지 무차별곡선을 소개한 이유는 이론을 자세하게 소개하기 위해서가 아닙니다. 주목할 부분은 같은 현상을 설명하더라도 가정이 달라지면 서로 다른 수학적 모형이나 접근 방법이 생긴다는 점입니다. 한계효용이론이나 무차별곡선이나 결국 설명하려는 것은 소비자가 상품이나 재화를 소비할 때의 행동입니다. 이를 위해 한계효용이론은 효용을 수치화할 수 있다고 가정했고, 무차별곡선은 효용의 순서만을 매길 수 있다고 가정했어요.

여기서 하나의 이론화된 수학적 모형을 접할 때, 그에 담긴 가정이 무엇인지를 염두에 두어야 한다는 점을 생각해볼 수 있을 것 같습니다. 앞의 사례처럼, 수학적 모형은 어떤 가정을 바탕으로 어떤 변수를 어떻게 통제했느냐에 따라 서로 다른 모습으로 나타나니까요. 수학적 모형이 설명하려는 현상을 해석할 때 한편으로 그 모형이 애초에 어떤 관점을 채택했는지를 알아보려는 태도는 우리가 하나의 모형에 매몰되지 않도록 막고, 다양한 관점으로 현상을 폭넓게 이해하도록 도와주겠지요.

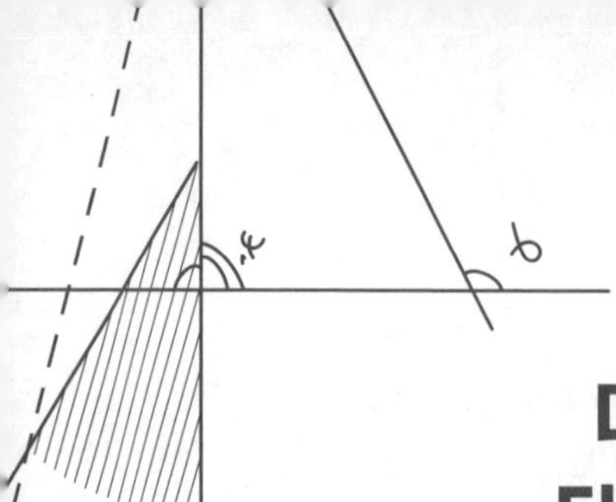

다양한 변수는 더 복잡한 함수로

앞서 효용함수를 만들 때 한 가지 재화에 대한 소비량을 변수로 둔 것, 기억하시나요? 한 가지 재화의 소비량을 Q라고 하여, 효용을 $U=f(Q)$라고 하는 함수로 만들었지요. 한편 서수적 효용을 바탕으로 무차별곡선 이론을 전개할 때는 두 재화의 소비 조합에 따른 효용의 크기를 고려했습니다. 효용의 크기가 같은 곡선을 이어 무차별곡선을 만들었지요. 그러면 자연스럽게 이러한 의문이 떠오릅니다. 효용함수도 무차별곡선처럼 두 종류 이상의 재화를 고려하여 만들 수 있을까요?

답은 '가능하다'입니다. 다만 함수가 조금 복잡해집니다. 당연히 여러 재화의 소비를 동시에 고려하는 새로운 상황을 다루려면 새로운 수학적 접근이 필요하겠죠?

시장에 두 상품 X, Y가 있다고 가정하겠습니다. 머릿속에선 젤리와 사탕 정도로 생각하면 적당할 것 같네요. 두 상품의 소비량을 각각 x, y라고 하겠습니다. 그러면 소비자 효용은 이 두 상품을 어떤 조합으로 소비하느냐에 따라 다른 결과가 나오겠죠. x값과 y값이 모두 소비자의 효용에 영향을 줄 테니까요. 결과적으로 소비자 효용을 U라고 하면, 이때의 효용함수는 $U=f(x,y)$와 같이 2개의 독립변수를 갖는 함수로 나타납니다. 이렇게 2개 이상의 독립변수를 갖는 함수를 **다변수함수**라고 부릅니다.

고등학교 교육과정에서 다루는 함수는 보통 $y=f(x)$와 같은 꼴인데요. 이는 독립변수 x의 값에 따라 종속변수 y의 값이 결정되는 **일변수함수**입니다. 일변수함수는 어떤 현상에 영향을 주는 원인을 한 가지로 볼 때 사용합니다. 앞서 소비량 Q만을 고려하여 효용함수를 $U=f(Q)$로 표현했듯이요. 반면 지금 설명하는 다변수함수는 어떤 현상에 영향을 주는 변수가 여러 개라고 가정할 때 사용하고, $z=f(x,y)$와 같은 형태로 표현합니다. 변수가 더 늘어나면 $y=f(x_1,x_2,\cdots,x_n)$과 같은 형태로 표현하기도 하지요.

함수 $U(x,y)=xy$의 그래프를 보면서 다변수함수를 좀 더 알아보도록 하겠습니다. 앞서 $U=f(Q)$의 그래프는 하단의 왼쪽 그림과 같이 평면에 그렸습니다. 이는 그래프 위의 점 (Q,U)를 시각적으로 표현하는 데 2차원의 평면만으로 충분했기 때문입니다. 그에 비해 함수 $U(x,y)=xy$의 그래프는 3차원 공간의 점 (x,y,U)를 시각적으로 나타내야 하므로, 다음과 같이 3차원 공간에서 입체적으로 표현해야 합니다.

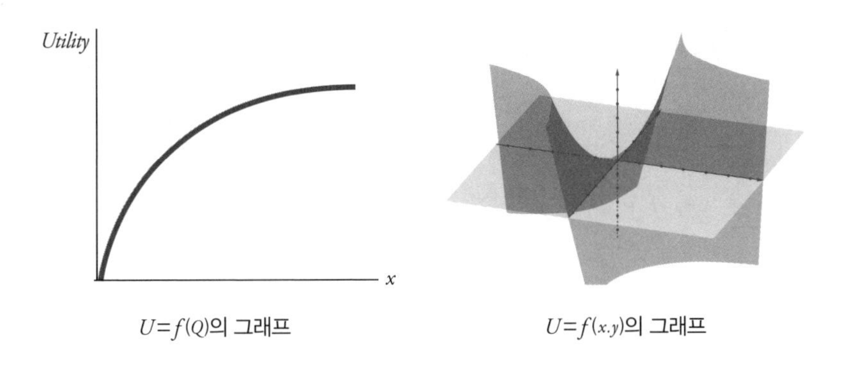

$U=f(Q)$의 그래프　　　$U=f(x.y)$의 그래프

2차원 효용함수와 3차원 다변수함수

효용함수를 다변수함수로 만들면 앞서 말한 무차별곡선도 표현할 수 있습니다. 무차별곡선은 효용의 크기가 같은 점을 이은 선이라고 했지요? 이를 효용함수 $U=f(x,y)$로 설명하면, 특정한 효용의 크기를 갖는 점 (x,y)의 모임이라고 볼 수 있습니다. 만약 $U(x,y)=xy$라고 한다면, 특정한 값 k에 대하여 $k=xy$를 만족하는 점 (x,y)의 모임이 효용의 크기 k에 대한 무차별곡선이 됩니다. 이렇게 다변수함수에서 함숫값(이 경우 효용의 크기 k)을 고정했을 때 독립변수 사이의 관계를 시각화한 것을 **등위선**level curve이라고 합니다.

아래의 왼쪽 그림은 함수 $U(x,y)=xy$에서 U의 값이 1일 때와 3인 경우를 시각화한 그림입니다. 즉, 함수 $U=xy$와 평면 $U=1$, $U=3$의 교선*을 나타낸 것이지요. 이 교선은 같은 높이를 선으로 연결하여 표현했다고도

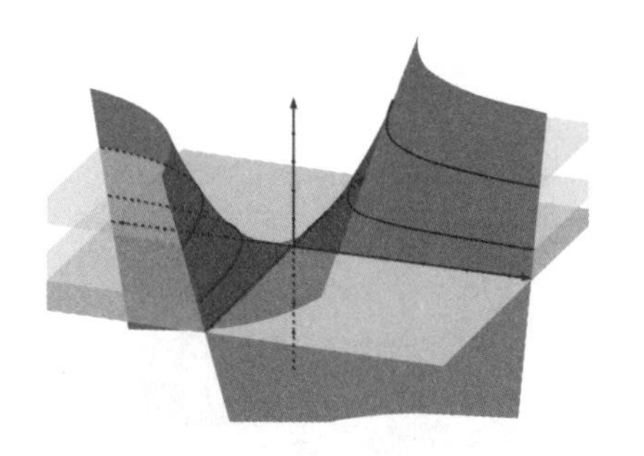

$U=xy$와 $U=1$, $U=3$의 교선

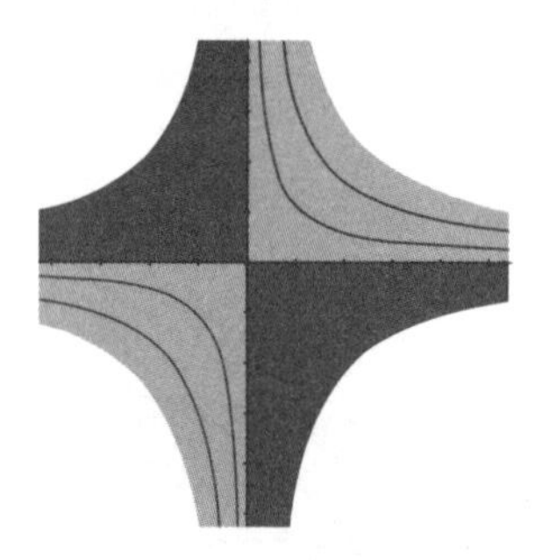

좌측 그래프를 위에서 보았을 때

* 둘 이상의 도형이 교차할 때 생기는 직선 혹은 곡선을 말합니다.

볼 수 있습니다. 이러한 의미에서 등위선을 등고선이라고도 하는데, 일상적으로 산의 지형을 나타낼 때 쓰는 등고선과 같은 의미입니다.

왼쪽의 그래프를 위에서 바라보면 오른쪽 그림이 나타납니다. 앞서 보았던 무차별곡선과 닮았다는 생각이 들지요? 실제로 이 곡선은 $k=xy$를 변형하여 $y=\frac{k}{x}$로 만들었을 때 얻어지는 그래프와 같은 모양입니다.

효용함수 $U=f(x,y)$에 대한 설명은 이 정도로 줄이려고 합니다. 보다 복잡한 현상을 다루려면 보다 높은 수준의 수학이 필요하다는 사실을 전달하는 것이 취지였으니까요. 다변수함수는 대학 수학 과정에서 더 자세히 살펴보니, 혹시 수학을 더 공부할 생각이 있는 학생이라면 기대해봐도 좋겠네요.

마지막으로 자연과학을 전공하지 않더라도 사회과학을 하려는 사람이라면 고등학교 수준 이상으로 수학에 대한 이해가 필요하다는 점을 짚고 넘어가고 싶습니다. 사회 현상을 다루든 자연 현상을 다루든, 무언가 현상을 논리적으로 설명하는 데에는 세상을 설명하는 언어, 도구, 렌즈로서 수학이 사용되니까요.

생산과 비용

생산자는 얼마나, 얼마에 만들어야 할까?

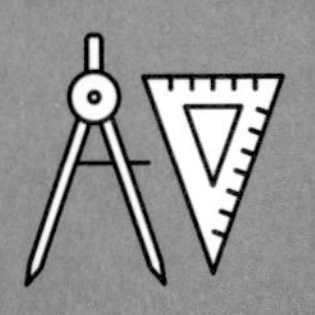

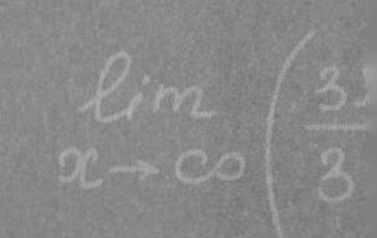

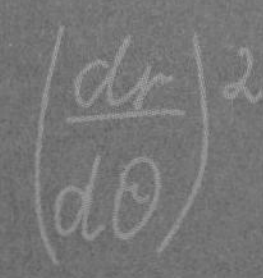

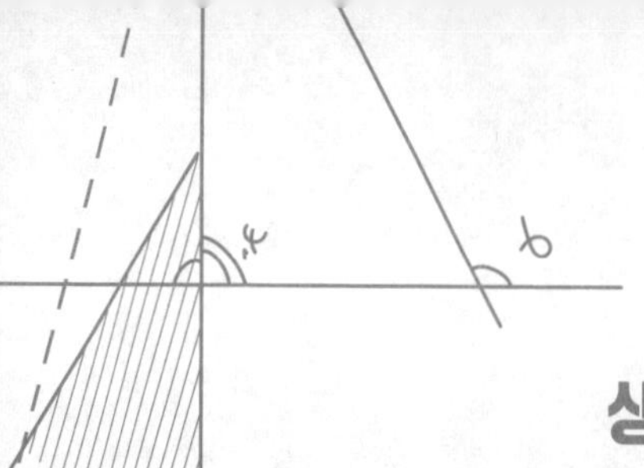

생산을 늘리고 비용을 줄이는 최적의 방법

몇 년 전 식당을 운영하는 자영업자들에게 백종원 씨가 컨설팅을 제시하는 〈백종원의 골목식당〉이라는 프로그램이 인기를 끌었습니다. 이 방송에서 백종원 씨는 단순히 요리를 맛있게 만드는 방법을 전수하는 수준을 넘어, 음식을 판매하는 '장사꾼'의 입장에서 음식의 가격, 주방의 장비, 식당 환경 개선까지 폭넓은 조언을 제시했습니다. 네티즌들은 이 방송을 보며 자영업을 준비할 때, 즉 소비자의 입장에서 생산자의 입장으로 들어설 때 생각보다 고려할 점이 많다는 사실을 배우기도 했습니다.

소비자와 생산자의 입장이 다르다면 두 주체의 행동을 설명하는 수학적 방법도 달라야 하겠지요. 실제로 효용함수는 소비자의 행동을 설명해주기는 하지만, 같은 함수로 물건을 판매하는 생산자나 기업의 입장을 설명하기는 어렵습니다. 앞서 방송 이야기를 했던 것처럼, 생산자 입장에서는 고려해야 할 변수들이 더 많아지니까요. 지금부터는 경제적인 관점에서 어떤 방식으로 생산자의 입장을 설명할 수 있는지 알아보도록 하겠습니다.

어떻게 해야 더 많이 만들까?
생산함수

여러분이 도넛 가게를 창업했다고 생각해봅시다. 도넛이 맛있다고 소문이 나서 가게는 매우 번창하고 있습니다. 금방 부자가 되겠죠? 아무튼 몰려드는 손님을 감당하려면 도넛의 생산량을 더 늘려야 할 텐데, 어떻게 하면 도넛의 생산량을 늘릴 수 있을까요?

당장 떠오르는 방법은 사람을 더 쓰는 겁니다. 일하는 사람의 수를 늘리면 도넛을 더 많이 만들 수 있겠죠. 도넛 만드는 기계를 더 좋은 것으로 바꾸는 방법도 생각해볼 수 있겠네요. 극단적으로는 옆 가게를 인수하여 가게를 확장하거나, 적당한 곳에 2호점을 내는 방법도 있습니다. 이 외에도 도넛의 크기나 토핑 재료의 양을 줄여서 같은 재료로 만들 수 있는 생산량을 늘리는 방법도 있겠지만 이런 방법은 아예 생산하는 품목 자체를 바꾸는 일이기도 하고, 입소문이 잘못 나면 가게 운영에 지장을 줄 수도 있으니 지양하는 편이 좋겠습니다. 지금 생각한 요소들을 정리해보면 사람을 늘리거나, 설비를 바꾸거나, 가게를 키우는 방법이 있겠네요. 실제로 경제학에서도 생산에 영향을 주는 대표적인 요소로 이 세 가지를 꼽습니다. 조금 더 고급스럽게 얘기하면 '노동', '자본', '토지'이지요.

- 사람을 늘린다 → 노동
- 설비를 바꾼다 → 자본
- 가게를 키운다 → 토지

생산함수는 이러한 생산 요소를 독립변수로, 생산량을 종속변수로 하는 함수입니다. 경우에 따라선 생산 요소에 경영 기술을 포함하기도 합니다. 장기적으로 보았을 때 이러한 요소는 모두 생산량 변화에 영향을 미친다고 볼 수 있습니다. 생산량을 Q라고 한다면, 이때 생산함수는 $Q=f$(토지, 노동, 자본)가 되겠죠?

하지만 독립변수가 많으면 생산함수를 이해하기가 쉽지 않습니다. 따라서 독립변수 중 일부를 고정해서 생산함수에서 고려할 변수의 개수를 줄이는 과정이 개입합니다. 상식적으로 생각해보면 토지, 노동, 자본 중 토지는 쉽게 바꾸기가 어려운 변수입니다. 백종원 씨도 조리 장비를 바꾸면 바꿨지 2호점을 내거나 옆 가게를 인수하라는 조언은 하지 않았잖아요? 따라서 생산함수를 나타낼 때는 보통 토지를 고정하고, 노동과 자본의 함수로서 생산함수를 $Q=f(L,K)$라고 표현합니다(이때 L은 노동, K는 자본을 말합니다).

그런데 아직도 변수가 2개라 조금 불편하죠? 이때에도 앞과 같은 방식으로 한 변수를 고정할 수 있습니다. 보통은 자본*을 고정해서 $Q=f(L)$로 생산함수를 표현합니다. 이때 여러 독립변수의 변화를 동시에 고려해서 나타낸 함수를 장기 생산함수, 몇 개의 변수가 고정되었다고 가정하고 만든 함수를 단기 생산함수라고 합니다. 단기와 장기를 시간의 의미가 아니라, 변수가 고정되었느냐 아니냐로 구분하는 것이지요.

---

* 물건이 잘 팔려서 공장에서 생산을 늘릴 때, 생산 기계를 더 들이는 쪽이 쉬울지 사람을 더 들이는 쪽이 쉬울지 생각해보면 자본을 고정하는 이유를 추측할 수 있습니다.

어디에서 돈이 들어갈까? 비용함수

생산자 입장을 설명하는 또 다른 함수로 **비용함수**가 있습니다. 비용이란 생산에 사용된 생산 요소의 가치를 말하는데, 쉽게 말해 재화를 만드는 데 돈이 얼마나 들었냐입니다.

다시 한번 여러분이 도넛 가게를 창업한다고 생각해봅시다. 어떤 부분에 돈이 들어갈까요? 일단 장사를 할 장소가 필요하니 가게 임대료가 들어갈 겁니다. 기본적인 도넛 제작 시설을 갖추어야 할 테니 시설비도 들어가겠죠. 가게를 예쁘게 꾸며야 손님이 많이 올 테니 인테리어비도 추가로 들어갑니다. 가게를 갖추고 나면 도넛을 만들어야죠. 도넛에는 밀가루와 설탕, 기타 여러 토핑이 들어가니 재료비가 추가되고, 기름에 튀겨야 하니 기름값도 들어가겠네요.

여러 요인이 떠오른다는 건, 비용을 하나의 함수로 표현하는 데 여러 변수가 포함된다는 사실을 의미합니다. 하지만 앞에서 말했듯이 어떤 상황을 수학적으로 표현할 때 변수가 여러 개면, 상황을 정밀하게 묘사할 수는 있겠지만 수학적으로 다루기도 어렵고 현상 자체를 이해하기도 쉽지가 않을 겁니다.

경제학에서는 이러한 부분을 고려하여 비용을 단순하게 **고정비용**과 **가변비용**으로 구분합니다. 말만 들어서는 한 번 들어갈 돈과 계속 들어갈 돈으로 구분되는 것 같지만, 사실 이 구분의 기준은 '생산량에 따라 변하지 않는 비용'과 '생산량에 따라 변하는 비용'입니다. 도넛 가게를 예로 들면 시설비, 인테리어비, 가게 임대료 등이 고정비용이 될 테고, 재료비 등이 가변비용에 포함됩니다. 그러면 비용은 (비용)=(고정비용)+(가변비용)과 같은 관계식으로 나타나겠지요. 이때 변수를 생산량 Q라고 하면, 고정비용은 상수로, 가변비용은 생산량 Q에 대한 함수로 표현될 것입니다. 결국 비용은 생산량에 대한 함수가 되므로 비용함수는 $C=f(Q)$가 되겠지요.

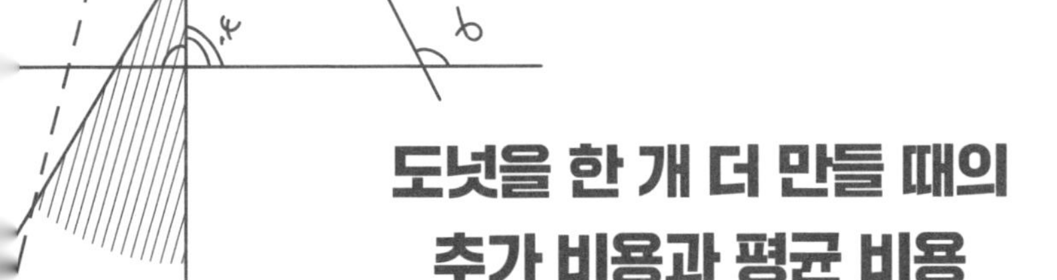

도넛을 한 개 더 만들 때의 추가 비용과 평균 비용

생산함수와 비용함수는 생산자 입장에서 생산량과 비용의 관계를 설명합니다. 일반적으로 생산함수 $Q=f(L)$과 비용함수 $C=f(Q)$의 그래프는 아래와 같이 그려집니다.

생산량은 노동량을 늘린다고 해서 정비례하게 늘어나지 않습니다. 도넛 가게에서 직원을 계속 늘리다 보면 초반에는 생산량이 늘어나겠지만 가면 갈수록 가게가 복잡해져 오히려 효율성이 떨어지겠지요. 이를 '수확체감의 법칙'이라고 부릅니다. 한편으로는 직원을 계속 채용하다 보

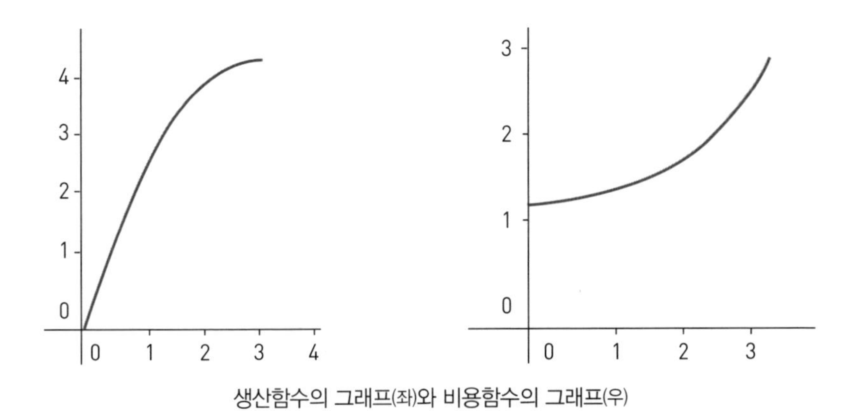

생산함수의 그래프(좌)와 비용함수의 그래프(우)

면, 인건비를 비롯한 여러 비용이 급격히 불어납니다.* 생산량은 점차 변화가 줄어드는데 비용만 늘어나니 생산자 입장에선 별로 속이 좋지 않겠죠. 결국 생산자는 직원을 적당한 수로 유지하면서 이윤을 최대로 만드는 생산량과 비용의 균형을 찾기 위해 노력할 것입니다.

이렇게 해서 '생산'과 '비용'이라는 현상을 설명할 수 있는 함수를 만들어보았습니다. 그 과정에서 각각의 현상에 관련된 독립변수들을 찾아보고, 현상을 가장 잘 설명하는 독립변수를 문자로 하여 $Q=f(L)$, $C=f(Q)$라고 하는 생산함수와 비용함수를 만들어보았고요. 하지만 수학적 모형을 만들 때, 이 함수가 유일하고 절대적인 것은 아니라는 점을 늘 염두에 두어야 합니다. 앞서 노동이나 생산량을 변수로 하여 함수를 다룬 이유는 현재 그러한 관점이 학문적으로 정착되어 있기 때문입니다. 만약 여러분이 다른 변수를 사용하여 생산이나 비용을 의미 있게 설명할 수 있다면, 그 함수 또한 훌륭한 하나의 수학적 모형이 될 수 있습니다.

그림으로 보는 비용함수 그래프의 성질

여기서 비용함수의 그래프를 조금 더 자세히 이야기해보려고 합니다. 앞서 비용함수 $C(Q)$는 고정비용(FC)과 가변비용(VC)의 합으로 계산된다

* 생산함수에서 노동량 증가에 따른 생산량 증가, 즉 한계생산이 줄어든다는 사실을 알 수 있습니다. 이는 생산량을 같은 양만큼 늘리기 위해 투입해야 하는 노동량이 예전보다 더 많아진다는 뜻입니다. 이에 따라 비용함수의 그래프는 점차 기울기가 커지고요.

고 했습니다. 그런데 사실 가게를 운영할 때는 이 두 비용 계산뿐만 아니라 상품 1개를 생산할 때 들어가는 비용을 계산하는 과정도 필요합니다. 상품 가격을 결정하려면 상품 1개를 만드는 데 얼마가 들어가는지를 알아야 그 이상으로 가격을 책정할 수 있을 테니까요. 이때 상품 1개를 생산하는 데 투입되는 비용은 전체 비용을 생산량으로 나눈 값이겠죠? 즉, $\frac{C(Q)}{Q}$로 계산합니다. 이를 **평균비용**(AC)이라고 합니다.

한편 상품의 적정 생산량을 결정하려면 상품을 1개 추가로 생산할 때 들어가는 비용을 계산해봐야겠지요. 현재보다 상품을 1개 추가로 생산할 때 들어가는 비용이 지나치게 늘어난다면, 굳이 생산량을 늘릴 필요가 없을 테니까요. 이렇게 생산량을 한 단위 늘릴 때 추가되는 비용을 **한계비용**(MC)이라고 합니다. 이때 한계비용은 비용함수를 미분*하여 구합니다. 즉, $C'(Q)$가 되는 거죠. 지금까지 설명한 비용**(C), 고정비용(FC), 가변비용(VC), 평균비용(AC), 한계비용(MC)을 그래프로 나타내면 일반적으로 다음과 같은 형태로 그려집니다.***

왼쪽 그림은 비용함수 C의 그래프입니다. 앞서 말했듯 Q의 값이 커질

---

* 한계비용은 생산량을 '한 단위' 늘릴 때의 비용 변화인데 어떻게 미분이 가능하냐고 물을 수도 있겠네요. 미분은 함수의 정의역이 실수real numbers일 때나 할 수 있는데, 생산량은 자연수 값만 가질 테니까요. 여기에서도 수학적 모형을 다룰 때의 가정이 들어갑니다. 수학적으로 다양한 도구를 사용하여 설명할 수 있도록 비용함수가 실수에서 정의되어 있다고 가정한 겁니다. 이를 '가분성 가정'이라고 합니다.

** 고정비용과 가변비용의 합을 '총비용'이라고 부릅니다. 하지만 여기에선 일단 총비용을 '비용'이라고만 부르도록 하겠습니다. (총비용) = (고정비용) + (가변비용)인데 정작 '총비용' 자체를 나타내는 함수의 이름은 '비용함수'니까요.

*** 비용함수를 일차식과 같은 형태로 잡으면 모양이 조금 달라지기는 합니다. 여기에선 급격한 비용 증가를 표현하기 위해 3차함수를 이용했습니다.

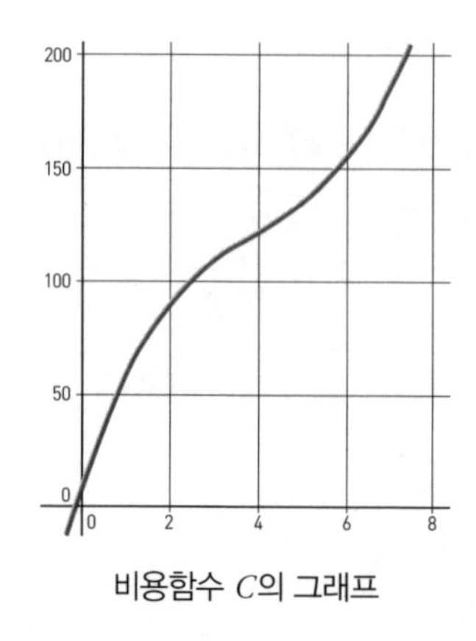

비용함수 C의 그래프

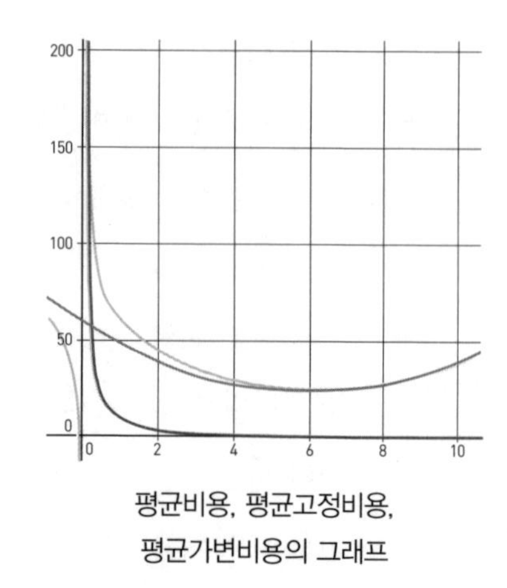

평균비용, 평균고정비용, 평균가변비용의 그래프

수록 기울기가 커진다는 사실이 눈에 띕니다. 오른쪽 그래프의 연보라색 곡선은 평균비용 AC의 그래프입니다. AC의 그래프는 아래로 볼록한 U 자형을 이루지요. 평균비용의 그래프가 이런 형태로 그려지는 이유는 고정비용 FC와 가변비용 VC를 각각 생산량(Q)으로 나눈 곡선을 통해 이해할 수 있습니다. 오른쪽 그래프에서 원점에 가까운 진한색 곡선은 고정비용을 Q로 나눈 값의 그래프이고, 회색 곡선은 가변비용을 Q로 나눈 값의 그래프입니다(각각 **평균고정비용**, **평균가변비용**이라고 부릅니다).

평균고정비용은 고정된 값을 생산량으로 나누기 때문에 생산량이 커질수록 점차 줄어듭니다*. 하지만 줄어드는 양 자체는 Q가 커질수록 작아지지요. 평균가변비용은 처음에는 줄어들지만 결국 생산량이 늘어나면 그에 맞추어 늘어나지요? 평균비용은 평균고정비용과 평균가변비용

---

* 이와 같이 생산량이 증가함에 따라 평균고정비용이 감소하여 전체적으로 평균비용이 감소하는 현상을 규모의 경제라고 부르기도 합니다.

의 합이므로, 생산량이 적을 때에는 빠르게 줄어드는 평균고정비용의 영향을 받아 줄어듭니다. 하지만 생산량이 증가함에 따라 평균고정비용의 영향은 작아지고, 평균가변비용의 증가량이 커지면서 어느 시점부터는 증가합니다.

아래 그림은 평균비용 *AC*와 한계비용 *MC*의 그래프입니다. 한계비용 *MC*의 그래프를 진한색, 평균비용 *AC*의 그래프를 연한색으로 그렸습니다. 여기에선 한계비용이 초반에는 줄어들다가 결국 어느 시점부터는 늘어난다는 사실을 확인할 수 있습니다. 이는 생산량이 적을 때에는 한계비용이 크지 않지만, 어느 시점을 넘어가면 한계비용이 오히려 증가한다는 사실로 해석됩니다.

도넛 가게를 생각해볼까요? 생산량이 적어서 가게에 여유가 있을 때

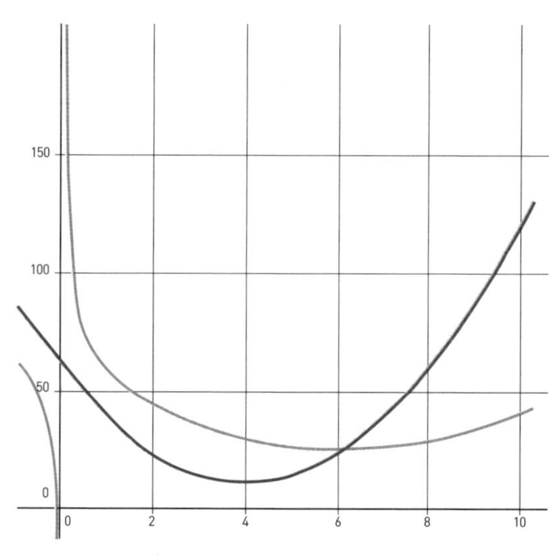

평균비용과 한계비용의 그래프

는 도넛을 조금 더 만들더라도 실질적으로 들어가는 비용이 그리 크지 않을 겁니다. 하지만 도넛의 생산량이 이미 가게의 한계에 도달한 상황이라면, 생산량을 늘리기 위해 사람을 더 쓰든, 기계를 더 사든, 비용을 더 많이 들여야만 생산량을 늘릴 수 있겠지요. 결국 한계비용은 생산량이 늘면 점점 커집니다.

그래프에서 한계비용의 그래프가 평균비용 그래프의 최저점을 통과한다는 사실도 알 수 있습니다. 도넛 가게에서 지금까지 생산한 도넛의 평균비용이 100원이었다고 가정합시다. 이때 새롭게 도넛을 1개 더 생산할 때 드는 비용, 즉 한계비용이 100원보다 작다면, 새로운 도넛을 생산했을 때의 평균비용은 100원보다 더 작아지겠지요. 즉, 한계비용의 그래프가 평균비용의 그래프보다 아래에 그려질 때 평균비용은 감소하는 형태를 가집니다. 반대로 새로운 도넛의 생산비가 100원보다 크면, 새로운 도넛을 생산했을 때의 평균비용은 100원보다 더 커지겠지요. 즉, 평균비용이 증가하고 한계비용의 그래프가 평균비용의 그래프보다 위에 그려질 것입니다. 정리하자면, 한계비용이 평균비용보다 작을 땐 평균비용이 감소하고, 한계비용이 평균비용보다 클 땐 평균비용이 증가합니다. 그렇다면 한계비용이 평균비용과 같을 때 평균비용은 최소가 되겠지요.

——— 식으로 보는 비용함수 그래프의 성질

앞에선 비용함수 그래프가 갖는 특징, 즉 평균비용함수 AC의 그래프는 U자형으로 그려진다는 것과, 한계비용함수 MC의 그래프는 평균비용함수 AC의 최저점을 지난다는 사실을 살펴보았습니다. 그러한 특징이 생기는 이유는 그래프로 설명했지요. 이번에는 수식으로도 한번 설명해볼까요?

우선 $AC(Q)$를 몫의 미분법*을 이용하여 미분합니다.

$$AC'(Q)=\frac{d}{dQ}\left\{\frac{C(Q)}{Q}\right\}=\frac{C'(Q)Q-C(Q)}{Q^2}$$

이제 우변의 분모와 분자를 Q로 나눕니다. (앞서 $MC(Q)=C'(Q)$, $AC(Q)=\frac{C(Q)}{Q}$였다는 점을 기억합시다).

$$AC'(Q)=\frac{\left\{C'(Q)-\frac{C(Q)}{Q}\right\}}{Q}=\frac{MC(Q)-AC(Q)}{Q}$$

식을 해석해볼까요? 생산량 Q의 값이 작을 때에는, 고정비용을 분산하는 효과가 작아서 평균비용이 한계비용보다 큽니다. 초기에는 도넛을 만들 장비를 준비하는 비용이 들어가지만(고정비용), 일단 도넛을 만들 준비가 갖추어지면 도넛을 하나를 만드나 2개를 만드나 큰 비용 차이(한계비용)는 없습니다. 결국 평균비용 AC가 한계비용 MC보다 크다는 말이지요. 그러니 Q가 작을 때는 $AC'(Q)<0$의 공식이 성립합니다. $AC(Q)$의 그래프는 감소하겠죠. 하지만 Q가 커지면, 앞에서 설명한 것처럼 고정비용이 분산되므로 평균비용은 작아지고 한계비용은 증가하여 $AC'(Q)>0$이 성립합니다. 이때 $AC(Q)$의 그래프는 증가하고요. 결국 Q가 증가함에

* $\frac{d}{dx}\left\{\frac{f(x)}{g(x)}\right\}=\frac{f'(x)g(x)-f(x)g'(x)}{\{g(x)\}^2}$로, $\frac{d}{dx}$는 함수를 x에 대해서 미분하라는 뜻입니다.

따라 $AC(Q)$의 그래프는 처음에는 감소하다가 어느 시점부터는 증가하는 모양을 갖습니다.

따라서 평균비용함수의 감소와 증가가 바뀌는 부분은 $MC(Q)=AC(Q)$가 성립하는 점이라는 것을 앞의 식으로부터 알아낼 수 있습니다. 감소하던 평균비용함수의 그래프가 증가로 바뀌는 부분은 다시 말하면 평균비용함수가 최솟값을 갖는 점이 되겠지요. 결국 한계비용함수의 그래프는 평균비용함수 그래프의 최솟값을 지난다는 사실을 알 수 있습니다.

길게 말했지만 결국 요지는 $AC'(Q)=\frac{MC(Q)-AC(Q)}{Q}$라는 식에 함축되어 있습니다. 앞에서 그래프로 길게 설명한 부분이 간단한 수식으로 설명이 되지요. 여기서도 수학적 표현이 복잡한 사실을 간단명료하게 보여준다는 것을 느낄 수 있습니다.

수요와 공급

가격을 결정하는 보이지 않는 손?

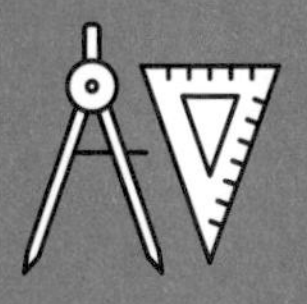

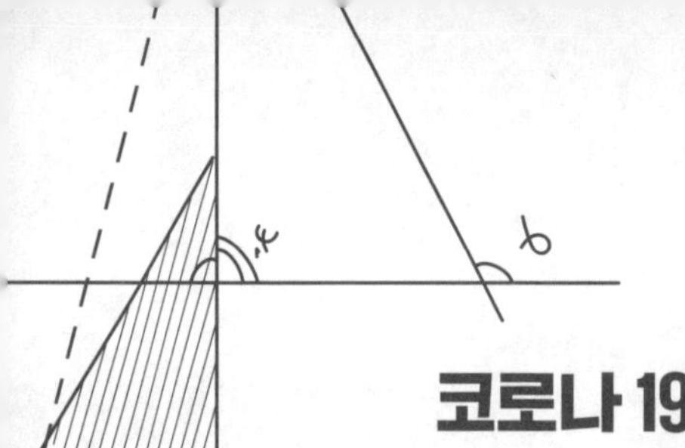

코로나 19로 마스크 가격이 폭등한 이유

코로나 19가 한창 기승이던 때, 마스크를 구하려고 약국 앞에 줄을 섰던 경험이 누구나 한 번쯤은 있을 겁니다. 한겨울에 벌벌 떨면서 약국 앞에서 수십 분 동안 줄을 서서 평소보다 비싼 돈을 주고 마스크를 겨우 구했었죠. 그 당시 마스크는 돈을 주고도 구하기 힘든 물건이었습니다. 코로나 19로 수요가 갑자기 늘어났지만, 공급이 갑작스러운 수요 변화를 따라가지 못했으니까요. 마스크 공장을 24시간 돌린다는 기사가 연일 뉴스에 나왔지만, 마스크 품귀 현상은 한동안 지속되었습니다.

한편 그 당시 중고거래 사이트에서는 마스크가 높은 가격으로 등장하기도 했습니다. 품귀 현상으로 워낙 높은 가격에 거래되다 보니, 미리 구입한 사람들은 갖고 있던 마스크를 비싼 가격에 되팔기도 했고, 어떤 사람들은 마스크를 사재기하여 더 비싼 가격에 판매하기도 했습니다. 한 중고거래 사이트에서는 사재기 피해를 막기 위해 마스크 거래 가격이 2,000원을 넘는 경우 게시물에 노출되지 않도록 조치를 취하기도 했습니다.

이처럼 어떤 상품의 가격은 고정적이지 않고, 사람들의 수요나 공급

[공지] 폭리 방지를 위해 마스크 장당 판매가격을 제한합니다.

코로나19 바이러스가 지역사회까지 퍼져 마스크 구하기가 더 힘들어졌어요. 혹시나 하는 마음으로 매일 당근마켓에서 마스크를 검색하고 계시죠?

당근마켓의 마스크 가격 제한 공지

상황에 따라 달라집니다. 반대로 가격이 사람들의 수요나 기업의 공급을 결정하기도 하죠. 블랙프라이데이라고 불리는 세일 기간에 사람들이 부지런히 해외 쇼핑몰을 찾아다니는 것처럼요.

——— 수요와 공급은 왜 바뀔까?

경제학자들은 이러한 현상을 수요함수와 공급함수로 설명했습니다. 수요란 소비자가 제품을 구매하려는 욕구를 말하며, 수요량은 일정 기간 소비자가 구매하고자 하는 제품의 수량을 말합니다. **수요함수**는 수요에 영향을 미치는 요인들과 수요량 사이의 관계를 나타내는 함수입니다. 한편 공급은 생산자가 제품을 판매하고자 하는 욕구이며, 공급량은 일정 기간 생산자가 판매하고자 하는 제품의 수량을 말합니다. **공급함수**는 생산자의 공급에 영향을 미치는 요인들과 공급량 사이의 관계를 나타내는 함수이고요.

따라서 수요함수와 공급함수를 다룰 때에는 수요와 공급에 영향을 미치는 요인, 즉 변수를 생각해보아야 합니다. 그렇다면 소비자의 수요, 생산자의 공급에 영향을 미치는 요인으로는 무엇이 있을까요? 세일과 같은 경우에서 볼 수 있듯이 우선 가격이 수요와 공급에 주요한 영향을 미칩니다. 또, 허니버터칩이나 먹태깡, 포켓몬스터 빵과 같은 경우를 생각해보면 소비자의 기호와 유행도 영향을 미치는 것 같네요. 당장 오늘부터 월급이나 용돈이 2배로 늘어난다고 생각해봅시다. 평소 사고 싶던 것들이 떠오르죠? 사람의 소득 증가도 수요에 영향을 주겠군요. 핸드폰의 예시도 들어봅시다. 1990년대 초 핸드폰은 대기업 비즈니스맨이나 들고 다닐 수 있는 물건이었습니다. 벽돌 같은 핸드폰이 약 200만 원 내외의 가격에 거래되었죠. 그런데 기술이 발전하면서 점차 보편화되었고, 마침내 2000년대에는 중·고등학생들도 흔히 핸드폰을 갖고 다녔습니다. 이렇듯 기술의 발전도 공급에 영향을 주는 요인이 될 수 있습니다. 이 밖에도 연관재의 가격, 미래에 대한 기대 등 다양한 변인들이 수요와 공급에 영향을 줍니다.

수요·공급함수를 제대로 읽는 법

경제학자들은 주로 가격을 가장 중요한 변수로 두고 수요와 공급을 설명합니다. 이에 따라 가격을 p, 수요량을 Q_d, 공급량을 Q_s라고 한다면, 수요함수는 $Q_d=D(p)$, 공급함수는 $Q_s=S(p)$와 같이 표현됩니다. 이때 수요함수

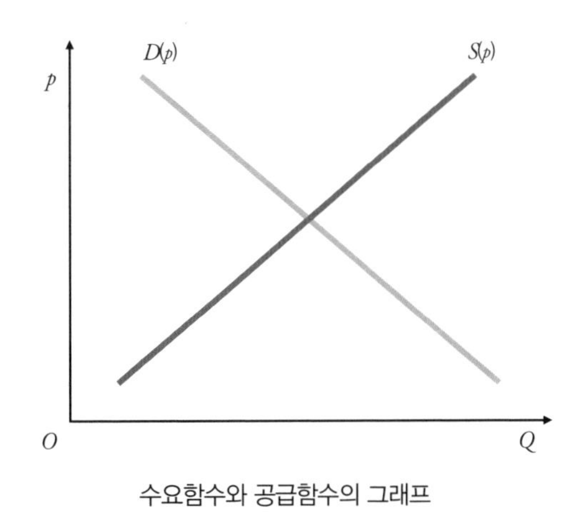

수요함수와 공급함수의 그래프

와 공급함수의 그래프는 위 그림과 같이 그려지고요. 상향하는 선이 공급함수, 하향하는 선이 수요함수입니다.

수요함수와 공급함수의 그래프를 읽을 때는 가로축이 거래량을, 세로축이 가격을 나타낸다는 사실에 유념해야 합니다. 수요함수 그래프를 볼 때에는 가격이 높아질수록 수요량이 줄어들고, 가격이 낮아지면 수요량이 늘어난다고 해석해야 합니다. 수학에서 그래프를 해석하던 관습대로 가로축, 즉 수요량을 기준으로 본다면 수요량이 늘어나면 가격이 낮아진다, 수요량이 줄어들면 가격이 높아진다고 엉뚱하게 해석하게 됩니다. 가로축에 독립변수, 세로축에 종속변수를 표현하던 수학의 관습과 반대로, 수요·공급함수의 그래프는 세로축에 독립변수인 가격을 놓고 가로축에 종속변수인 거래량을 둔다는 사실을 기억해야 그래프를 제대로 해석할 수 있습니다.

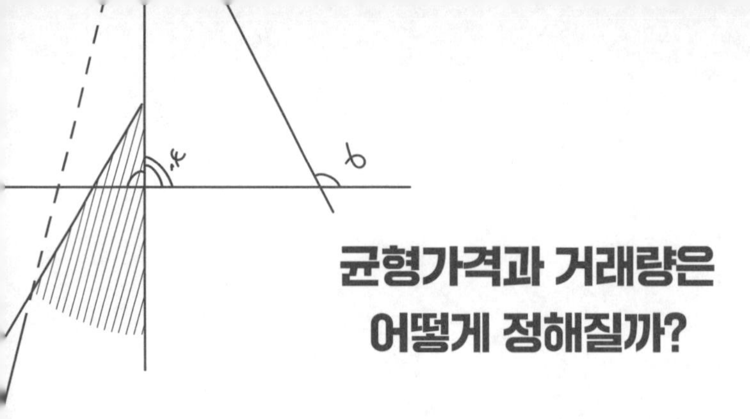

균형가격과 거래량은 어떻게 정해질까?

가격 변화에 따른 시장의 균형

수요·공급함수의 그래프는 우리에게 무엇을 알려줄까요? 우선 수요함수와 공급함수가 만나는 점에서 시장의 균형이 이루어진다는 점이 가장 주요하겠네요. 수요함수와 공급함수의 교점에서 시장의 가격과 거래량이 결정된다는 말이죠. 이런 내용은 중·고등학교 사회 시간에 이미 충분히 다루었을 테니, 여기서는 그래프를 이용해 간단히만 설명하도록 하겠습니다.

그림과 같이 수요함수의 그래프는 오른쪽으로 갈수록 아래로 내려가고 공급함수의 그래프는 오른쪽으로 갈수록 위로 올라가기 때문에, 두 그래프는 어딘가에서 반드시 만나게 되어 있습니다. 이때 교점에서의 가격(p_0)과, 거래량(Q_0)을 각각 **균형가격**, **균형거래량**이라고 합니다. 바로 이때 시장이 균형을 이룬다고 말하지요. 균형을 이루었다는 말은 더 이상 가격과 거래량이 변하지 않고 안정된 상태를 이룬다는 뜻이고요.

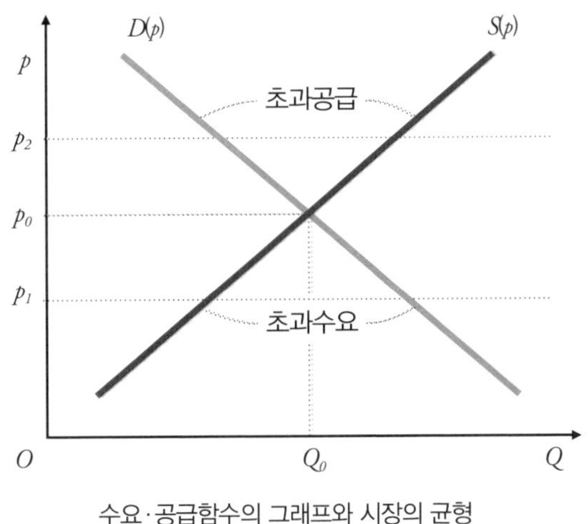

수요·공급함수의 그래프와 시장의 균형

균형의 의미를 이해하기 위해, 가격이 p_1과 같이 낮게 형성되었다고 생각해보겠습니다. 가격이 싼 만큼 소비자들은 이 상품을 많이 찾게 될 겁니다. 그러면 공급량에 비해 수요량이 늘어나겠죠. 이때 수요량과 공급량의 차이를 **초과수요**라고 합니다. 물건은 적은데 찾는 사람은 많으니, 결국 시장에서 이 상품의 가격은 초과수요가 사라질 때까지 점차 높아집니다. 국내에 유니클로 같은 스파SPA 의류 브랜드가 처음 들어왔을 때를 생각해보세요. 처음에는 싸고 적당한 품질에 매력을 느끼고 많은 사람이 유니클로를 많이 찾았죠. 그런데 몇 년 지나면서 유니클로의 옷 가격이 점점 높아졌습니다. 수요가 있으니 가격이 높아진 셈이죠.

한편 가격이 p_2와 같이 높아졌다고 생각해봅시다. 가격이 높으니 사람들의 수요는 떨어지겠지만, 비싼 가격에 상품을 팔 수 있으니 생산자들은 이 상품을 더 많이 팔고 싶을 겁니다. 즉, 공급량이 늘어나겠죠. 이때 공급량과 수요량의 차이를 **초과공급**이라고 합니다. 하지만 수요가 적으니 상품이 잘 팔리지 않겠죠? 소비자 입장에선 시장에 상품이 넘치기 때문에 가능하면 싼 상품을 선택하는 편이 이득입니다. 자연스럽게 가격은 초과공급이 사라질 때까지 낮아지겠지요. 이러한 원리를 적용해볼 때, 시장은 항상 수요량과 공급량이 일치하는 가격에서 균형을 이룬다는 것이 수요·공급곡선이 우리에게 설명해주는 핵심 내용입니다.

가격 외 변수에 따른 시장의 균형

앞서 수요·공급함수를 설명할 때, 수요량과 공급량을 설명하는 변수로 가격을 사용한다고 했습니다. 그러면 가격 이외의 변수들은 수요함수와 공급함수에 어떻게 영향을 줄까요? 소득과 세금 부과를 예로 들어 설명해보겠습니다.

만약 사람들의 소득이 갑자기 늘어난다면 어떤 일이 벌어질까요? 소득이 늘어나니 자연스럽게 소비를 더 많이 하고 싶어질 겁니다. 즉 새로운 수요가 생기겠지요. 수요량이 늘어날 테니, 수요함수의 그래프는 오른쪽으로 이동합니다. 이때 공급함수 그래프와의 교점, 즉 시장의 균형도 왼쪽 그림과 같이 이동할 테고요. 즉, 수요함수가 D_0에서 D_1으로 이동하면, 균형가격은 p_0에서 p_1으로 높아집니다. 결국 사람들의 소득이 늘면, 시장에서의 균형가격이 높아진다고 결론 내릴 수 있습니다.

반대로 생산자에게 세금이 부과되는 경우는 어떻게 될까요? 생산자 입장에서 상품을 만들 때 세금이 붙는다는 건, 비용이 증가한다는 뜻입니다. 비용이 증가하면 생산자 입장에선 상품 생산을 줄이고 싶겠죠. 결국 공급

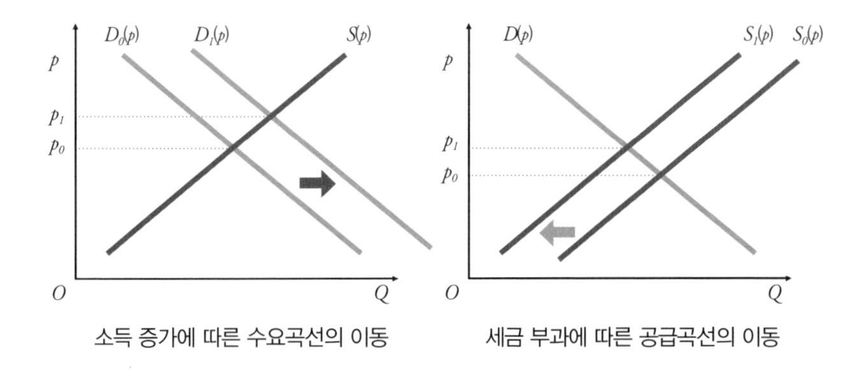

소득 증가에 따른 수요곡선의 이동　　　세금 부과에 따른 공급곡선의 이동

량이 줄어들 테고, 공급함수 그래프는 왼쪽으로 이동합니다. 이때에도 오른쪽 그림과 같이 수요함수 그래프와의 교점이 이동합니다. 공급함수가 S_0에서 S_1으로 이동할 때, 균형가격은 p_0에서 p_1으로 바뀌죠. 결국 생산자에 대한 세금 부과는 시장에서의 균형가격을 높인다는 결론에 도달합니다.

이 두 사례를 통해, 가격과 가격 외의 요소가 어떻게 서로 다른 방식으로 시장에 영향을 주는지 살펴보았습니다. 가격은 수요·공급곡선 자체를 바꾸지는 않고, 주어진 곡선 위에서 거래량을 결정했습니다. 하지만 가격 이외의 요소는 수요·공급곡선 자체를 이동시킴으로써 시장의 균형을 바꾸는 결과를 낳았지요.

기울기를 활용해 수요·공급함수 식 구하기

앞에서는 그래프로 수요함수나 공급함수를 다루었는데, 실질적으로 수요나 공급을 계산하려면 함수식을 구할 수 있어야 합니다. 여기에선 주어진 자료를 활용해 직선으로 그려지는 수요함수나 공급함수의 식을 구하는 방법*을 소개하려고 합니다.

직선은 두 점에 의해 결정됩니다. 따라서 직선을 식으로 표현하려면 두 점의 좌표가 구체적으로 필요하지요. 한 직선 l이 지나가야 할 두 점을 $A(x_1, y_1)$, $B(x_2, y_2)$라 하고, 직선 l위의 점을 $P(x, y)$라고 하겠습니다. 직선 l을 식으로 표현한다는 건, y를 x를 사용한 식으로 표현하는 방법을 찾는다는 말과 같습니다.

직선은 기울기가 언제나 일정하다는 특징이 있습니다. 즉, 점 A와 B가 이루는 기울기와 점 A와 $P(x, y)$가 이루는 기울기가 같다는 말입니다. 이를 식으로 표현하면 아래와 같습니다.

$$\frac{y_2-y_1}{x_2-x_1}=\frac{y-y_1}{x-x_1}$$

이때 우변의 분모 $x-x_1$을 양변에 곱해서 정리하면, 다음의 식을 얻을 수 있습니다.

$$y-y_1=\frac{y_2-y_1}{x_2-x_1}(x-x_1), \text{ 즉 } y=\frac{y_2-y_1}{x_2-x_1}(x-x_1)+y_1$$

이렇게 얻은 식으로 두 점을 지나는 직선의 방정식**을 구할 수 있습니

---

* 수요·공급곡선의 그래프를 늘 본문의 방식으로 구할 수 있는 것은 아닙니다. 이 방법은 수요·공급곡선이 직선으로 그려질 때만 사용할 수 있습니다.

** 일차함수 그래프는 직선으로 그려지기 때문에, 이렇게 구한 직선의 방정식으로 일차함수의 식을 유도할 수 있습니다.

다. 이제 자료를 이용하여 문제를 해결해봅시다.

만약 어떤 학생이 한 달 동안 음료수를 구매하는데, 가격이 500원이면 30개를, 1,000원이면 20개를 구매할 생각이 있다고 가정하겠습니다. 이 경우 가격을 p, 구매량을 Q라고 하면 앞의 공식을 이용하여 다음과 같은 식을 얻을 수 있습니다.

$$Q=\frac{20-30}{1000-500}(p-500)+30=-\frac{1}{50}(p-500)+30$$

이는 곧 수요를 p에 대한 Q의 값으로 나타낸 수요함수가 됩니다.

하지만 이 함수의 그래프를 그릴 땐 Q에 대한 함수의 형태로 바꿔주어야 합니다. 그래야 경제에서의 관행대로 Q값을 가로축에 그릴 수 있겠지요. Q에 대한 함수로 정리해볼까요?

$$p=-50(Q-30)+500$$

실제로 수요함수의 그래프를 그릴 땐 이 식으로 그리면 됩니다. 공급함수의 경우에도 위와 같은 방법으로 식과 그래프를 그릴 수 있습니다.

수요함수의 식을 구하는 방법과는 별개로, 직선의 방정식을 구할 때 우리가 어디서부터 시작했는가를 생각해보면 좋겠습니다. 우리는 두 점이 하나의 직선을 결정한다는 간단한 사실에서 식을 유도했습니다. 두 점을 지나는 직선이 있고, 직선 위의 또 다른 한 점이 있다면, 세 점 중 두 점을 뽑아 직선을 만들더라도 그 기울기는 항상 일정하다는 식으로 논리를 구성했지요. 지금은 평면 위에서 그려지는 직선을 설명했지만,

공간에서의 직선의 방정식을 유도하는 데에도 같은 논리가 적용됩니다. 아래와 같이 좌표공간에서의 직선의 방정식을 얻을 수 있지요.*

$$\frac{x-x_1}{a}=\frac{y-y_1}{b}=\frac{z-z_1}{c}\text{(단 } abc\neq0\text{) 또는 } \vec{p}=\vec{a}+t\vec{d}$$

복잡해 보이지만, 이러한 결과를 얻어내기 위해 알아야 하는 것은 결국 '두 점은 하나의 직선을 결정한다'라는 사실 뿐입니다.

* 이 직선은 한 점 (x_1,y_1,z_1)을 지나고 $\vec{u}=(a,b,c)$의 방향으로 나아가는 직선을 나타냅니다. $\vec{p}=\vec{a}+t\vec{d}$에서 $\vec{p}$는 이 직선 위의 한 점의 위치벡터, $\vec{a}=(x_1,y_1,z_1)$, t는 임의의 실수를 말합니다.

경제 리터러시

마셜은 왜 그래프 축을 반대로 사용했을까?

앞서 수요·공급함수의 그래프는 수학적 관습과 축을 반대로 사용한다고 했습니다. 독립변수인 가격을 세로축에, 종속변수인 거래량을 가로축에 두죠. 이러한 축의 사용은 이번 장의 도입에서 언급한 알프레드 마셜에게서 기원을 찾아볼 수 있습니다. 그런데 사실 이상한 일입니다. 알프레드 마셜은 수학을 전공했다고 하는데, 왜 수학적 관습과 반대로 축을 사용했을까요? 이를 이해하려면 그가 수요·공급곡선으로 무엇을 설명하고자 했는지를 알아야 합니다[4].

지금까지는 수요·공급곡선으로 시장이 어떻게 거래량과 가격을 조정하는지를 설명했습니다. 하지만 이러한 설명은 시장의 균형이 실제로 소비자와 생산자에게 얼마나 이득이 되는지는 설명하지 못합니다. 즉, 균형가격에서의 생산량이 사람들에게 얼마나 이득을 주는지는 말해주지 않습니다. 자원의 배분이 사람들의 경제적 후생에 어떻게 영향을 미치는지를 연구하는 분야를 '후생경제학'이라고 하는데요. 이 관점에서는 수요곡선 그래프를 어떤 상품이 특정한 양만큼 주어졌을 때, 소비자가 어느 정도의 가격까지는 지불할 의지가 있다는 식으로 해석합니다. 반대로 공급곡선은 특정한 양의 상품을 생산하는 데 생산자가 어느 정도의 비용을 들일 의지가 있다는 식으로 해석하지요. 마셜은 이러한 해석을 바탕으로 '소비자잉여'와 '생산자잉여'라는 개념을 만들어 시장의 균형에서 소비자와 생산자의 이득이 최대가 된다는 사실을 설명했습니다.

소비자잉여는 소비자가 지불할 용의가 있는 금액과 실제 가격의 차이를 말합니다. 예를 들어 100명의 소비자가 있고, 이 소비자들이 어떤 상품에 지불할 용의가 있는 금액이 각자 100만 원, 99만 원, 98만 원, … 라고 생각해보겠습니다. 만약 시장에 상품이 1개만 있다면, 100만 원을 지불할 용의가 있는 사람만 이 상품을 사게 될 것입니다. 하지만 상품이 2개가 되면, 이 상품은 100만 원을 지불할 용의가 있는 사람과 99만 원을 지불할 용의가 있는 사람이 사게 되겠죠. 이때 거래 가격은 소비자가 낼 용의가 있는 두 번째로 높은 금액인 99만 원이 될 테고요. 그러면 100만 원을 지불할 용의가 있는 사람 입장에서는 실질적으로 1만 원을 이익 본 느낌이겠죠? 이를 소비자잉여라고 합니다. 같은 방식으로 만약 상품이 50개가 있다면, 거래 가격은 51만 원이 될 것이고, 100만 원을 지불할 용의가 있던 사람은 49만 원을, 99만 원을 지불할 용의가 있던 사람은 48만 원을 이익 본 느낌일 겁니다. 이를 모두 합치면 시장의 모든 소비자가 누리는 소비자잉여의 합이 되고요. 수요·공급곡선에서는 수요곡선의 아랫부분과 가격의 윗부분이 이루는 영역(A)의 넓이가 소비자잉여의 합을 나타냅니다.

한편 **생산자잉여**는 생산자가 실제로 받은 금액과 생산자가 제품을 생산하는 데 소비한 비용의 차이로 계산됩니다. 예를 들어 100명의 생산자가 있고, 이 생산자들이 어떤 상품을 생산하는 데 들일 비용을 각자 1만

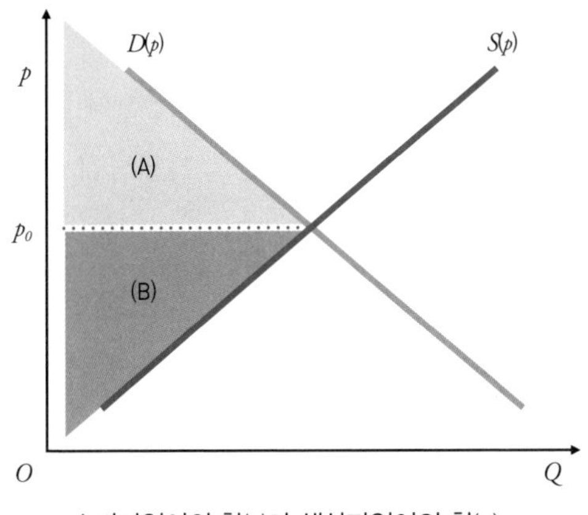

소비자잉여의 합(A)과 생산자잉여의 합(B)

원, 2만 원, …, 100만 원으로 생각하고 있다고 하겠습니다. 만약 시장에 어떤 상품의 가격이 1만 원으로 제시되었다고 생각해봅시다. 그러면 이 상품은 비용을 1만 원으로 생각한 생산자밖에 만들지 않을 겁니다. 비용이 가격보다 더 크면 손해이므로 나머지는 생산하지 않을 테니까요. 만약 상품 가격이 30만 원으로 제시된다면, 1만 원, 2만 원, …, 30만 원을 비용으로 생각한 생산자들이 이 상품을 생산하려고 하겠지요. 이때 상품 가격은 30만 원이기 때문에, 비용을 1만 원, 2만 원, …, 30만 원으로 생각하던 생산자들은 실질적으로 각자 29만 원, 28만 원, …, 0원의 이익을 취하게 됩니다. 이를 생산자잉여라고 합니다. 수요·공급곡선에서는 가격의 아랫부분과 공급곡선의 윗부분이 이루는 영역(B)의 넓이가 생산자잉여의 합을 나타냅니다.

그렇다면 시장에서 소비자잉여의 합과 생산자잉여의 합이 가장 커지도록 하는 *Q*의 값은 어디서 찾을 수 있을까요? 직관적으로 시장의 균형거래량에서 (A)와 (B)의 합이 가장 크다는 사실을 알 수 있습니다. 이는 결국 시장이 균형을 이루는 지점에서 시장 참여자들의 이익이 극대화된다는 의미이지요. 마셜은 이런 식으로 생산량(거래량)이 소비자와 생산자에게 주는 이익의 영향을 설명하고자 Q를 가로축에 두었으리라고 예상해볼 수 있습니다.

탄력성

반값 치킨과 고가 명품이 같은 전략이라고?

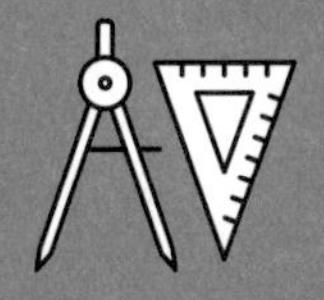

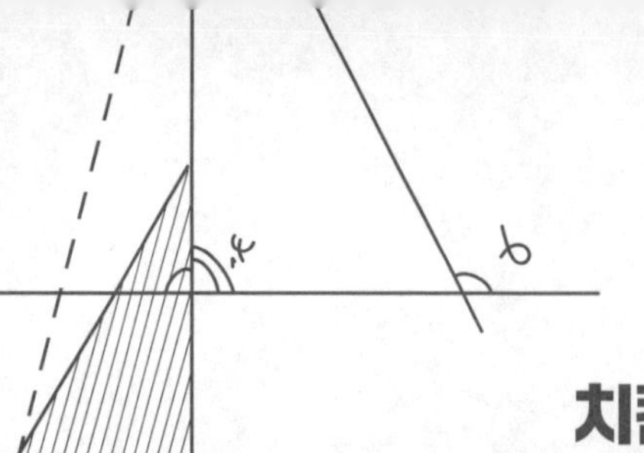

치킨과 휘발유, 비싸다고 어떻게 안 사나요?

몇 해 전 여러 마트에서 '반값 치킨'을 팔았던 것을 기억하시나요? 닭고기를 대량 유통할 수 있다는 이점을 살려 대형마트에서 직접 저렴한 가격에 치킨을 만들고 판매하여 인기를 끌었습니다. 1만 4,000원 내외의 기존 치킨 가격에 부담을 느끼던 사람들은 7,000원 내외의 저렴한 가격에 맛도 준수한 마트의 반값 치킨에 열광했습니다. 한때는 판매 시간에 맞추어 마트에 가서 번호표를 받고 기다려야 겨우 치느님을 영접하기도 했습니다. 이러한 열광을 여러 매체가 기사로 보도하기도 했지요. 지금도 검색엔진에 '반값 치킨'을 검색하면 어렵지 않게 관련 기사를 200개 넘게 찾을 수 있습니다.

이러한 현상은 치킨 가격이 싸져서 사람들의 수요가 급증한 사례입니다. 반대의 경우도 한번 생각해볼까요? 치킨 가격이 지금보다 2배로 비싸진다고 생각해봅시다. 그러면 아마도 사람들은 3~4만 원씩 하는 치킨을 주문하기보다 다른 음식을 시켜 먹을 겁니다. 그래도 치킨을 포기할 수 없다는 사람조차 전보다는 주문 빈도가 확연히 줄어들겠지요. 하다못해 배달 어플을 켰다 껐다 더 많이 고민할 겁니다. 이는 결국 치킨의 수

Google 반값 치킨

전체 쇼핑 이미지 동영상 뉴스 ⋮더보기 도구

검색결과 약 1,110개 (0.24초)

YTN
치킨 한 마리 '반의 반값'...치열한 가성비 경쟁
김선희 기자가 보도합니다. ... 고소한 기름 냄새를 풍기며 자글자글 맛있게 튀겨지는 치킨. 치킨 전문점이 아니라 서울 강남의 한 편의점입니다. 가격은...
2023. 12. 25.

Chosunbiz
GS25, 고물가에 '반값 치킨' 출시 - 조선비즈
GS25, 고물가에 반값 치킨 출시 GS25에서 13일 반값 치킨을 오는 15일 출시한다고 밝혔다. 최근 외식 물가가 지속 오르는 가운데 프랜차이즈 치킨 값...
2023. 12. 13.

매일경제
"반값보다 더 싸네요" 7900원짜리 치킨 떴다 ...어디서 팔지?
편의점 치킨 7900원, 마트 치킨 8300원 가성비 상품 인기...프랜차이즈는 직격탄.
2023. 12. 17.

이투데이
[배달 치킨 3만원 시대] "통큰치킨 어게인!" 반값치킨 맞불 놓은 유통업계
세븐일레븐도 이달 말까지 인기 즉석치킨 5종에 대해 최대 30% 할인혜택을 제공한다. 후라이드 한 마리(720g)를 9000원에 판매하는 게 대표적이다. 또 큰...
2023. 12. 21.

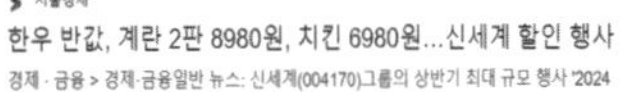

서울경제
한우 반값, 계란 2판 8980원, 치킨 6980원...신세계 할인 행사
경제 · 금융 > 경제·금융일반 뉴스: 신세계(004170)그룹의 상반기 최대 규모 행사 '2024 랜더스 데이'가 5일부터 7일까지 3일간 이어지는 오프라인...
6일 전

SBS Biz
'치킨 그 가격엔 못 먹지'...다시 돌아온 반값치킨
롯데마트는 오는 10일(일)까지 '크런치 콘소메 치킨'을 반값에 판매한다고 밝혔습니다.행사 카드(롯데/KB국민/BC/신한카드)로 결제한 엘포인트 회원...
2023. 12. 7.

머니투데이
반값 한우, 치킨 6980원...신세계 역대 최대 할인 '랜더스데이' 연다
이마트 등 20개 계열사 참여, 신선식품과 주류 등 약 1조원 규모 상품 선봬신세계그룹이 5일부터 7일까지 상반기 최대 규모 할인 행사 '2024 랜더스...
6일 전

구글에서 검색한 '반값 치킨'

요가 가격에 따라 크게 변화한다, 즉 수요가 가격에 민감하게 반응한다는 말로 정리할 수 있습니다.

이번에는 휘발유를 생각해보겠습니다. 만약 휘발유 가격이 2배가 되면 사람들은 어떻게 행동할까요? 휘발유 말고 다른 연료를 사용하거나 연료를 적게 넣을 수 있을까요? 물론 최대한 휘발유를 아끼려고 노력은 하겠지만, 대부분은 가격이 오르더라도 어쩔 수 없이 일정량의 휘발유를 쓸 겁니다. 이런 경우는 휘발유의 수요는 가격에 따라 크게 변화하지 않는다, 즉 수요가 가격에 민감하게 반응하지 않는다는 말로 정리해볼 수 있겠네요.

치킨과 휘발유는 가격에 따른 수요의 민감성이 서로 다릅니다. 그런데 '민감성'이라고만 표현하면 다소 애매한 감이 있죠? 이럴 때 이 민감성, 즉 가격에 따라 수요가 얼마나 변화하는지를 수치로 나타내는 개념으로 **'탄력성'**을 사용합니다.

y의 x 탄력성: y가 x에 민감한 이유

탄력성은 보통 '수요의 가격탄력성', '공급의 가격탄력성', '수요의 소득탄력성'과 같이 'y의 x 탄력성'의 형태로 말합니다. x가 변할 때 y가 얼마나 민감하게 변화하는지를 나타내는 개념이지요. 기호로는 보통 ε나 E_x^y, $E_{x,y}$ 등을 사용[*]하고, 아래와 같이 계산합니다.

$$E_x^y = \left| \frac{\frac{\Delta y}{y}}{\frac{\Delta x}{x}} \right| = \left| \frac{\Delta y}{\Delta x} \times \frac{x}{y} \right|$$

위의 식은 y의 변화율을 x의 변화율로 나눈 개념으로 변화율 사이의 비를 의미합니다. 즉, x값이 1% 변할 때 y값이 몇 퍼센트 변하는지를 나타내지요. 절댓값을 취하는 이유는 탄력성을 양수로 표현하기 위함입니다.

탄력성은 구하는 방법에 따라 '호弧 탄력성'과 '점點 탄력성'으로 나뉘는데요. **호탄력성**은 곡선의 두 점 사이에서 x 변화율과 y 변화율을 비교하는 방식입니다. 예를 들어 두 점 (x_1, y_1)과 (x_2, y_2) 사이의 호탄력성을 계산할 때는 $\Delta x = x_2 - x_1$, $\Delta y = y_2 - y_1$를 사용하고, x, y값 대신에 두 점 사이의 중점 $\left(\frac{x_1+x_2}{2}, \frac{y_1+y_2}{2}\right)$를 사용합니다.

---

* 여기에선 E_x^y를 기호로 사용하겠습니다.

호탄력성을 계산할 때는 두 점의 좌표가 필요한 데 반해, **점탄력성**은 한 점의 좌표만으로 탄력성을 계산합니다. 이때는 호탄력성 개념에서 미분을 사용하여 $\frac{\Delta y}{\Delta x}$ 대신 $\frac{dy}{dx}$를 사용합니다.

$$E_x^y = \lim_{\Delta x \to 0} \left| \frac{\Delta y}{\Delta x} \times \frac{x}{y} \right| = \left| \frac{dy}{dx} \times \frac{x}{y} \right|$$

여기에서는 점탄력성에 초점을 두고 설명할 것이므로, 지금부터는 탄력성이라고 하면 점탄력성을 의미합니다. 또한 특별한 언급이 없으면 탄력성은 수요의 가격탄력성을 말합니다.

실제로 계산을 한번 해보겠습니다. 수요함수가 $Q=20-2p$로 주어지고 $p=2$일 때의 탄력성을 계산해봅시다. 이때 $\frac{dQ}{dp}=-2$이고, $p=2$일 때 $Q=20-2\times2=16$이 됩니다. 따라서 이때의 탄력성은 $E_p^Q=\left|\frac{dQ}{dp}\times\frac{p}{Q}\right|=\left|-2\times\frac{2}{16}\right|=\frac{1}{4}$이 나오네요.

그런데 계산을 하긴 했는데, 이 $\frac{1}{4}$이 뭘 의미하는 걸까요? 우리는 이 값으로 탄력성이 어떻다고 말할 수 있을까요?

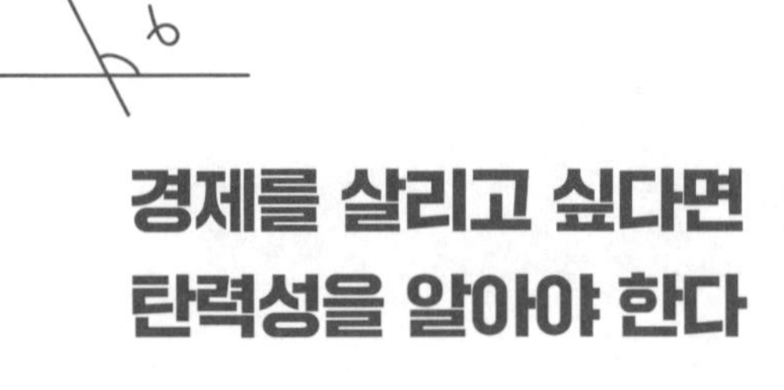

경제를 살리고 싶다면 탄력성을 알아야 한다

탄력성을 계산하기는 했는데, 이렇게 나온 $\frac{1}{4}$로 무엇을 알 수 있을까요? 탄력성이 크다는 걸까요, 작다는 걸까요? 이를 해석하려면 탄력성의 대소를 정의해야 하겠지요.

탄력성이 큰지 작은지의 판단은 탄력성이 1일 때를 기준으로 합니다. 탄력성이 1보다 클 때는 탄력적, 1보다 작을 때는 비탄력적이라고 합니다. 탄력성이 1일 때는 단위탄력적이라고 하고요. 이에 따르면 수요의 가격탄력성이 $\frac{1}{4}$이라면 이 상품은 비탄력적입니다. 가격의 변화가 크더라도 수요는 크게 변하지 않는다는 뜻이지요. 구체적으로는 가격이 1% 올랐을 때 수요가 0.25% 감소한다는 말입니다.

수요의 가격탄력성은 가격 변화에 따라 판매자가 총수입 변화를 예측하는 데 도움을 줍니다. 총수입Total Revenue; *TR* 은 가격(p)과 판매량(Q)의 곱으로 계산되는데($TR=pQ$), 탄력성은 p가 변할 때 Q가 얼마나 변할지를 설명하는 개념이니까요. 어떤 상품의 탄력성이 2일 때와 0.5일 때를 예로 들어 탄력성에 따른 가격과 총수입의 관계를 이해해봅시다.

탄력성과 가게 총수입의 밀접한 관계

만약 어떤 상품의 탄력성이 2라면, 이 상품은 가격이 2% 오를 때 수요가 4% 떨어집니다. 가격이 오른 뒤의 총수입은 $(1+0.02)p \times (1-0.04)Q = 1.02 \times 0.96pQ = 0.9792pQ$가 되어 전보다 수입이 줄지요. 반면 탄력성이 0.5라면, 이 상품은 가격이 2% 오를 때 수요가 1% 떨어집니다. 가격이 오른 뒤의 총수입은 $(1+0.02)p \times (1-0.01)Q = 1.02 \times 0.99pQ = 1.0098pQ$가 되어 원래의 총수입보다 증가하지요. 즉, 탄력적일 땐 가격이 높아지면 총수입이 줄어들고 비탄력적일 땐 가격이 높아지면 총수입이 늘어납니다. 반대의 경우도 마찬가지죠. 정리하면 다음과 같습니다.

- 비탄력적일 때, 가격이 높아지면 총수입은 늘어난다. 반대로 가격이 낮아지면 총수입은 줄어든다.
- 단위탄력적일 때, 가격이 변해도 총수입은 변하지 않는다.
- 탄력적일 때, 가격이 높아지면 총수입은 줄어든다. 반대로 가격이 낮아지면 총수입은 늘어난다.

탄력성의 관점에서 보면 앞서 말한 반값 치킨 같은 판매 전략을 합리적으로 이해할 수 있습니다. 치킨은 수요의 가격탄력성이 큰 상품이기 때문에, 가격을 낮추면 총수입이 늘어납니다. 마트 입장에선 상품 가격 인하가 충분히 해볼 만한 전략이 되는 거지요.

이런 판매 전략은 우리에게 '박리다매薄利多賣'라는 말로 더 익숙합니다. 가격을 낮추더라도 많이 팔아서 이윤을 남기겠다는 전략이죠. 탄력성을 이용해서 복잡하게 설명하긴 했지만 사실 이미 일상에서 종종 경험한 부분입니다.

그런데 경험적으로 익히 알고 있는 내용을 왜 굳이 새로운 개념으로 이론적으로 설명할까요? 저는 이론의 렌즈로 보면 서로 다른 현상을 일관되게 해석할 수 있다는 점을 꼽고 싶습니다. 치킨을 반값에 팔아서 수익을 남기는 전략과 고객 충성도가 높은 상품의 가격을 높게 유지하는 전략은 별개의 전략으로 보이지만, 사실은 모두 탄력성이라는 이론으로 설명되는 것처럼요.

이론을 만들기 위해선 현실의 문제에서 복잡한 맥락을 제거하고 핵심적인 부분에만 주목하는 사고방식이 필요합니다. 이러한 사고방식을 '추상화抽象化'라고 합니다. 수학은 추상적 사고방식이 깊게 스며들어 있는 학문이지요. 탄력성을 정의할 때 다양한 수학 개념을 적용한 것처럼, 수학이 가진 추상화의 힘은 어떤 현상을 간결하게 이론으로 표현하는 데 도움을 줍니다. 다시 한번 복잡한 현상을 간단하게 나타내어 사고를 절약하는 경제성이 바로 수학의 매력이라는 점을 느끼게 되네요.

미분계수보다 탄력성

앞서 탄력성 E_x^y는 x가 변할 때 y가 얼마나 민감하게 변하는가를 나타내는 개념이며, 미분을 이용하여 아래와 같이 정의한다고 했습니다.

$$E_x^y = \lim_{\Delta x \to 0} \left| \frac{\Delta y}{\Delta x} \times \frac{x}{y} \right| = \left| \frac{dy}{dx} \times \frac{x}{y} \right|$$

그런데 미분을 배운 입장에서 이 개념을 생각해보면, 굳이 필요한 개념인가 싶습니다. 미분 자체가 변화율을 설명하는 개념인데 탄력성이라는 개념을 새롭게 정의해야 할 필요가 있는가 싶은 거지요. 이에 대한 논의에 앞서 우선 미분을 간단히 짚고 넘어가야겠습니다.

미분이란 어떤 함수의 순간변화율을 구하는 것을 말합니다. 순간변화율을 구하려면 평균변화율을 알아야 하지요. 함수 $y=x^2$을 예로 들어봅시다. **평균변화율**이란 '어떤 구간'에서의 값의 변화량을 비율로 표현한 것입니다. 가령 구간 [1,4]를 예로 든다면, x값이 1부터 4까지 변할 때 y값은 1부터 16까지 변합니다. 이때 평균변화율을 계산하면 $\frac{\Delta y}{\Delta x}=\frac{16-1}{4-1}=\frac{15}{3}=5$가 되지요. 이는 $y=x^2$ 그래프 위의 점 (1,1)과 (4,16)을 잇는 직선의 기울기를 계산한 것과 같습니다.

한편 **순간변화율**은 '어떤 구간'이 아니라 '어떤 한 점'에서 x값 변화량과 y값 변화량을 비율로 표현합니다. '변화량'을 말하는데 한 점만을 말한다니 이상하지요? 변화를 말하려면 적어도 두 점이 있어야 할 것 같은데 말이죠. 사실 순간변화율은 어떤 점을 한쪽 끝으로 하는 구간에서의 평균변화율을 식으로 표현한 뒤, 그 구간이 매우 짧아질 때 평균변화율이 가까워지는 특정한 값이라고 볼 수 있습니다.

말이 어렵죠? 수식을 이용해서 위 함수의 $x=1$에서의 순간변화율을 계산해봅시다. 마지막엔 구간을 매우 짧게 만들어야 하니, 앞의 경우처럼 구간을 특정한 수로 표현할 수는 없습니다. 그러니 구간의 한쪽 끝은 순간변화율을 계산할 $x=1$로 하고, 다른 끝은 변화량 Δx를 사용해서 $1+\Delta x$라고 합시다. 즉, 여기서 평균변화율을 구할 구간은 $[1,1+\Delta x]$입니다. 그러면 이 구간에서의 평균변화율은 $\frac{\Delta y}{\Delta x}=\frac{(1+\Delta x)^2-1^2}{(1+\Delta x)-1}=\frac{2\Delta x+(\Delta x)^2}{\Delta x}=2+\Delta x$으로 계산

되겠지요. 구간 [1,1+Δx]의 크기를 줄인다는 것은, Δx의 값이 0에 매우 가까워진다는 뜻이겠고요. 그러면 이때 앞서 계산한 평균변화율 2+Δx는 2에 가까워질 겁니다. 이 과정을 수식으로 표현하면 다음과 같습니다.

$$\lim_{\Delta x \to 0} \frac{\Delta y}{\Delta x} = \lim_{\Delta x \to 0}(2+\Delta x)=2$$

이렇게 계산된 2를 $y=x^2$의 $x=1$에서의 순간변화율, 혹은 **미분계수**라고 부릅니다. 그래프로 생각하면 $x=1$에서의 접선의 기울기와 같습니다. 평균변화율과 순간변화율의 기하적인 해석은 아래의 그래프를 비교해보길 바랍니다.

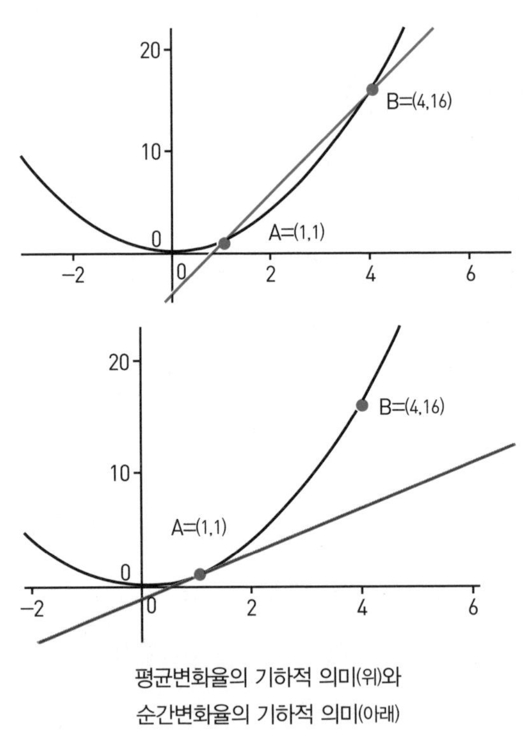

평균변화율의 기하적 의미(위)와
순간변화율의 기하적 의미(아래)

다시 탄력성 이야기로 돌아오겠습니다. 미분계수가 독립변수와 종속변수의 '변화량'을 비율로 계산한 값인 데 비해, 탄력성은 독립변수와 종속변수의 '변화율'을 비율로 계산한 개념이라는 걸 이제 알 수 있습니다. 그런데 독립변수가 변할 때 종속변수가 얼마나 민감하게 변할지를 나타내는 개념이라면 미분계수만으로도 충분해 보이는데, 왜 굳이 탄력성 개념을 사용해야 할까요? 여기에서도 예시로 생각해보겠습니다.

만약 어떤 상품의 가격이 2배가 되어 수요량이 아래 표와 같이 변화했다고 생각해보겠습니다. 1달러를 1,300원이라고 할 때 두 표는 결국 같은 상황을 나타내고 있습니다.

원	변경 전	변경 후
가격(p_w)	1,300원	2,600원
수요(Q_w)	1300	650

달러	변경 전	변경 후
가격(p_b)	1달러	2달러
수요(Q_b)	1300	650

각각의 수치를 이용해서 앞서 배운 수요함수를 만들면, 좌측은 $Q_w=-\frac{1}{2}p_w+1950$이 되고 우측은 $Q_b=-650p_b+1950$이 됩니다. 이때 각각 좌우 함수를 미분하면, $\frac{dQ_w}{dp_w}=-\frac{1}{2}$, $\frac{dQ_b}{dp_b}=-650$이 되어 완전히 다른 값이 나옵니다. 하지만 위 표의 '변경 후' 상황에서 탄력성을 계산해보면, 같은 값이 나와요.

$$(Q_w\text{의 탄력성})=\left|\frac{dQ_w}{dp_w}\times\frac{p_w}{Q_w}\right|=\left|-\frac{1}{2}\times\frac{2600}{650}\right|=2$$

$$(Q_b\text{의 탄력성})=\left|\frac{dQ_b}{dp_b}\times\frac{p_b}{Q_b}\right|=\left|-650\times\frac{2}{650}\right|=2$$

이로써 미분계수는 변수를 나타내는 단위에 따라 다른 값이 나오지만, 탄력성은 단위에 상관없이 같은 값이 나온다는 사실을 추측할 수 있습니다. 미분계수 대신 탄력성을 사용하는 이유*이지요.

탄력성 이야기를 길게 한 이유는 여기에서 '개념'을 배울 때의 태도를 말할 수 있기 때문입니다. 탄력성은 미분계수와 유사한 느낌을 주면서도 '왜 굳이 이렇게 정의했는가'라는 호기심을 자연스럽게 일으킵니다. 그러니 탄력성을 배울 때는 왜 이런 개념이 필요하고, 왜 이렇게 정의했는가를 비판적으로 생각해보는 과정이 개입하죠. 이런 태도는 비단 탄력성뿐만 아니라 다른 여러 개념을 배울 때도 필요한 자세일 겁니다.

하지만 요즘엔 어떤 개념을 배울 때 개념을 왜 이렇게 정의했는지, 왜 이렇게 정의할 수밖에 없었는지, 다른 대안은 없는지 비판적으로 생각해보는 일이 거의 없는 것 같습니다. 이것저것 복잡하게 생각하기보다는 일단 주어진 개념을 받아들이고 많은 문제를 해결하는 편이 더 유리한 환경이기 때문이겠죠. 물론 모든 개념을 비판적으로 생각하며 받아들이기는 현실적으로 어렵습니다. 소위 말하는 가성비가 크게 떨어지니까요. 그렇다고 해도 개념을 무작정 받아들이면서 공부하기보다는, 개념의 의미를 비판적으로 생각해보는 태도를 우선하고, 여유가 없다면 의문 나는 점을 마음에 담아두었다가 언젠가 해결해보려는 자세를 잃지 않기를 바랍니다.

---

* 사실 탄력성의 정의만 잘 살펴봐도 추측할 수 있는 부분이기는 합니다.

경제 리터러시

많이 수확하면 무조건 좋을까? 농부의 역설

농사를 짓는다고 생각해봅시다. 풍년이 드는 게 좋을까요, 흉년이 드는 게 좋을까요? 단순히 생각하면 풍년에는 작물을 많이 팔아 더 큰 이익을 낼 수 있으니 풍년이 드는 쪽이 더 좋을 것 같습니다. 그런데 모순적이게도 풍년이 꼭 농가에 도움이 되지만은 않습니다.

쌀은 풍년이 재앙… 대체작물 심으면 쌀값·식량안보 둘 다 잡아[5]

풍년 기원하며 모내기 작업[6]

위는 구글에서 '풍년 농부'의 키워드로 검색했을 때 나오는 기사 제목들입니다. 위에서는 '풍년이 재앙'이라고 하는데, 아래에서는 풍년을 기원하며 모내기 작업을 한다고 하네요. 두 기사가 다 맞는 말이라고 한다면, 농가는 재앙을 기원하며 모내기를 하는 꼴이 됩니다. 어딘가 앞뒤가 안 맞죠? 사실 농가의 수입은 풍년이라고 꼭 늘어나지도, 흉년이라고 꼭 줄어들지도 않습니다. 풍년이어도 수입이 줄어드는 경우가 있고, 흉년이어도 수입이 늘어나는 경우가 있습니다. 이를 흔히 농부의 역설이라고

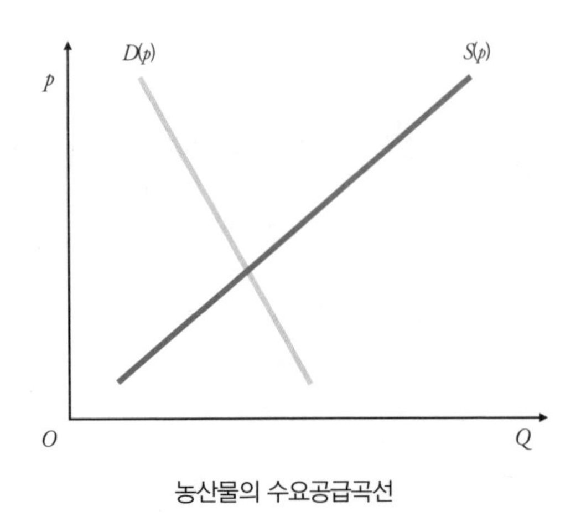

농산물의 수요공급곡선

합니다.

농부의 역설은 농산물 수요의 가격탄력성으로 설명할 수 있습니다. 쌀이 비싸다고 해서 쌀 대신 다른 주식을 선택하기 어렵고, 파, 마늘 값이 올랐다고 해서 김치에 다른 재료를 넣기 어렵듯이 농산물의 수요는 가격에 민감하게 변하지 않습니다. 즉, 농산물의 수요는 가격에 비탄력적이에요. 따라서 농산물의 수요곡선은 가격(p)이 변하더라도 수요량(Q)이 크게 변하지 않으며 위와 같이 그려집니다. 위 그래프에서 $D(p)$는 수요곡선, $S(p)$는 공급곡선입니다. 공급곡선에 비해 수요곡선이 p의 변화에 따른 Q의 변화량이 작음을 알 수 있습니다.

농산물의 수요·공급곡선에서 풍년이 들면 공급곡선 $S(p)$가 우측으로 이동하겠지요. 반대로 흉년이 들면 좌측으로 이동하고요. 그래프로 살펴볼까요?

풍년이 들면 공급곡선이 오른쪽으로 이동하면서 가격은 떨어지고 거래량은 증가합니다. 그런데 농산물의 경우 수요곡선이 비탄력적이기 때

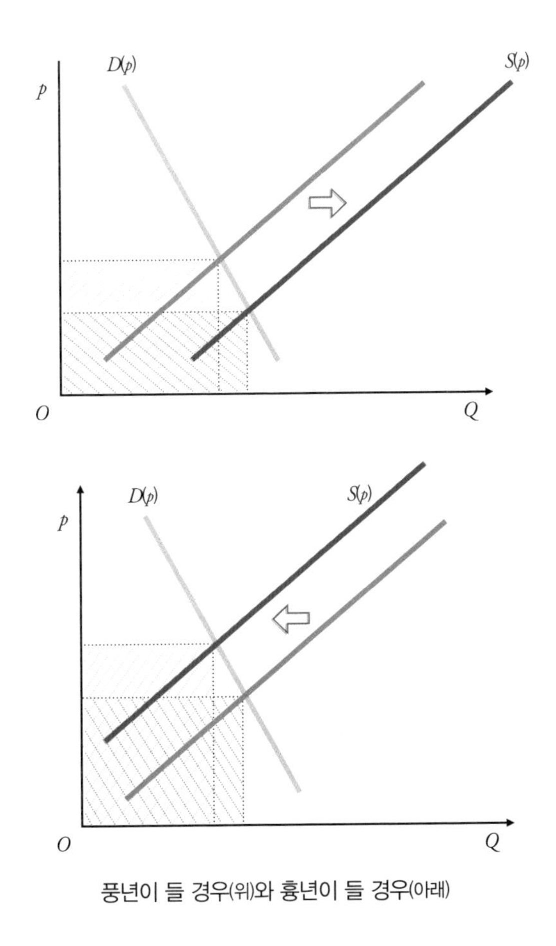

풍년이 들 경우(위)와 흉년이 들 경우(아래)

문에, 가격이 많이 떨어지는 데 비해 거래량 증가는 크지 않아요. 그러니 결국 가격과 생산량의 곱으로 계산되는 총수입은 줄어듭니다(위 그래프에서 두 사각형의 크기를 비교해보길 바랍니다). 반면 흉년이 들면 공급곡선이 왼쪽으로 이동하면서 가격이 올라가고 거래량이 떨어집니다. 하지만 가격이 많이 올라가는 데 비해 거래량은 크게 떨어지지 않지요. 이 경우 결국 총수입은 예전보다 증가합니다. 이러한 원리 때문에 풍년이 들면 총수입이 낮아지고 흉년이 들면 총수입이 높아지는 농부의 역설 현상이 나타나는 것입니다.

이런 경우 손해를 볼 때 공급량을 조절해서 적당한 수준으로 가격을 조절하면 되지 않나 하는 생각이 들 것 같습니다. 문제는 농산물의 공급량을 입맛대로 쉽게 조절할 수 없다는 점이지요. 농산물은 특성상 기상 여건이나 외부 환경에 따라 공급량이 크게 변화하니까요. 예를 들어 폭염·가뭄·저온·폭설·폭우와 같은 다양한 자연 현상이나 전쟁과 같은 사회 현상은 농산물 공급에 치명적이지요. 게다가 농산물은 생산에도 오랜 시간이 걸리기 때문에 외부 요인으로 변한 공급량을 원래대로 돌리는 데 상당한 어려움이 따릅니다.

그러면 농부의 역설은 그냥 눈 뜨고 당해야만 하는 일일까요? 근본적으로 농가에서 농산물의 가격탄력성을 이해하고 적당한 양을 공급하면 좋겠지만, 솔직히 개인의 입장에서 풍년이 나서 작물이 많이 생산되는 것을 인위적으로 제한하기란 쉽지 않겠지요. 그러니 여기에선 정부의 개입이 요구됩니다. 정부는 농산물 일정량을 수매하고 비축하는 방식으로 시장에 공급되는 농산물 양을 적절히 조절해서 급격한 공급 과잉 문제를 해결할 수 있습니다.

행렬

더 많은 변수를 다뤄보자

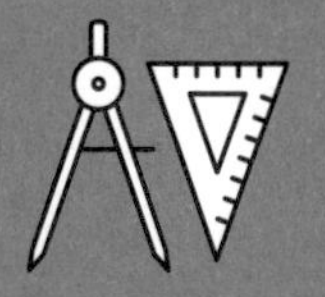

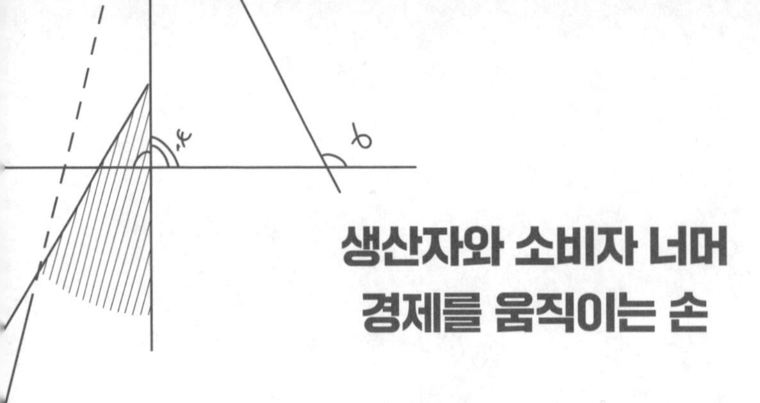

생산자와 소비자 너머 경제를 움직이는 손

지금까지 우리는 소비자나 생산자, 개인이나 기업과 같은 개별 경제 주체들이 어떻게 행동하는지를 설명하는 여러 수학적 모형을 살펴보았습니다. 예를 들어 효용함수로 소비량 증가에 따라 소비자 효용이 어떻게 변화하는지를 살펴봤고, 수요·공급함수로 시장에서 소비자와 생산자가 가격에 따라 어떻게 행동하는지를 알아보았습니다. 이렇게 개별 경제 주체의 판단과 행동을 설명하는 경제학 분야를 **미시경제학**이라고 합니다.

미시경제학이 있다면 그에 대응하는 거시경제학이 존재하겠죠? **거시경제학**이란[7] 미시경제학에서 살펴보았던 개별 경제 주체들의 선택이 가계·기업·경제 전체에 집계되어 나타나는 국가 경제의 운행 원리를 다루는 경제학의 분야입니다. 경제 규모로 거시경제와 미시경제가 분류되는 것은 아닙니다. 가령 애플사의 시가총액은 약 4000조 원으로 우리나라 GDP를 훌쩍 뛰어넘지만, 애플사의 경제 행동 분석은 거시경제학의 대상이 되지 않습니다. 반대로 아무리 경제 규모가 작은 나라라고 하더라도 국가 경제의 문제를 다루는 경우엔 거시경제학의 대상이 됩니다.

그런데 국가 경제 문제를 다루려면 아무래도 개인이나 기업 하나의 행동을 설명할 때보다 상황이 더 복잡하겠죠? 개인·기업·정부 등 다양한 경제 주체가 경제에 영향을 미칠 테고, 심지어 외국과의 무역도 국가 경제에 영향을 줄 테니까요. 우리는 이러한 경제 현상을 수학적으로 나타내는 데 목적이 있음을 상기합시다.

수학적으로 생각해보면 결국 다뤄야 할 변수와 식의 개수가 많아진다는 뜻으로 해석할 수 있습니다. 하지만 앞서 우리가 다룬 모형은 대부분 하나의 식으로만 이루어졌습니다. 그러니 앞과 달리 다뤄야 할 식이나 변수가 많아지면, 그에 맞추어 뭔가 다른 수학적 표현 방법이 필요해지겠지요. 이렇게 변수가 많아질 때 사용할 수 있는 수학적 도구가 바로 **행렬**行列입니다. 여기에선 우선 행렬의 의미와 연산을 소개하고, 경제적 맥락에서 행렬이 어떻게 사용되는지 설명하겠습니다.

다양한 변수를 다룰 수학적 도구

행렬이란 다음과 같이 수나, 기호, 수식 등을 직사각형 모양으로 배열한 묶음을 말합니다. 보통은 괄호로 묶어서 표시합니다.

$$\begin{pmatrix} 1 & 2 & 3 \\ 4 & 5 & 6 \end{pmatrix} \quad \begin{pmatrix} a & b \\ c & d \end{pmatrix} \quad \begin{pmatrix} 1 & 0 \\ 0 & 1 \end{pmatrix} \quad \begin{pmatrix} 2 & 0 & 0 \\ 0 & 2 & 0 \\ 0 & 0 & 2 \end{pmatrix} \quad \cdots$$

이때 행렬의 가로줄을 행行, row, 세로줄을 열列, column이라고 합니다. '행렬'이라는 단어 자체가 행과 열을 합쳐서 만든 말이지요. 영어로는 matrix라고 하는데, matrix의 어원인 mater은 어머니, 자궁 등의 뜻을 갖고 있습니다. 결국 무언가를 품었다는 말이지요. 행렬이 괄호 내부에 수나 기호, 수식 등을 품고 있다는 것을 생각하면 적절한 표현 같네요.

행렬의 크기는 행의 개수와 열의 개수로 나타냅니다. 예를 들어 $\begin{pmatrix} 1 & 2 & 3 \\ 4 & 5 & 6 \end{pmatrix}$은 2행 3열의 행렬이고, $\begin{pmatrix} a & b \\ c & d \end{pmatrix}$는 2행 2열, $\begin{pmatrix} 2 & 0 & 0 \\ 0 & 2 & 0 \\ 0 & 0 & 2 \end{pmatrix}$는 3행 3열의 행렬입니다. 이를 각각 2×3 행렬, 2×2 행렬, 3×3 행렬로 나타냅니다.

행렬에 포함된 수나 기호, 수식 등을 행렬의 원소라고 합니다. 각각의 원소는 '몇 행 몇 열'로 위치를 나타내고요. 예를 들어 $\begin{pmatrix} 1 & 2 & 3 \\ 4 & 5 & 6 \end{pmatrix}$에서 2는 1행 2열에 있는 원소입니다. 일반적으로 행렬은 대문자로 표현하고, 원소는 소문자와 원소의 위치를 결합해 다음과 같이 나타냅니다.

$$A = \begin{pmatrix} a_{11} & a_{12} \\ a_{21} & a_{22} \end{pmatrix}$$

행렬은 덧셈, 뺄셈, 상수의 곱셈, 행렬끼리의 곱셈 계산을 할 수 있습니다. 이때 행렬의 덧셈과 뺄셈은 크기가 같은 행렬끼리만 할 수 있어요. 요령은 각 행렬에서 위치가 같은 원소끼리 더하거나 빼는 것입니다. 행렬에 상수를 곱하는 계산은 각 원소에 그 수를 곱하면 됩니다.

$$(1)\ \begin{pmatrix} 1 & 2 \\ 3 & 4 \end{pmatrix} + \begin{pmatrix} 4 & 5 \\ 6 & 7 \end{pmatrix} = \begin{pmatrix} 5 & 7 \\ 9 & 11 \end{pmatrix} \qquad (2)\ \begin{pmatrix} 5 & 6 \\ 2 & 7 \end{pmatrix} - \begin{pmatrix} 4 & 5 \\ 3 & 2 \end{pmatrix} = \begin{pmatrix} 1 & 1 \\ -1 & 5 \end{pmatrix}$$

$$(3)\ 2\begin{pmatrix} 1 & 2 \\ 3 & 4 \end{pmatrix} = \begin{pmatrix} 2 & 4 \\ 6 & 8 \end{pmatrix}$$

한편 행렬의 곱셈은 조금 복잡합니다. $A=\begin{pmatrix} a & b \\ c & d \end{pmatrix}$, $B=\begin{pmatrix} p & q \\ r & s \end{pmatrix}$라 할 때, 두 행렬의 곱은 다음과 같이 계산합니다.

$$AB = \begin{pmatrix} a & b \\ c & d \end{pmatrix}\begin{pmatrix} p & q \\ r & s \end{pmatrix} = \begin{pmatrix} ap+br & aq+bs \\ cp+dr & cq+ds \end{pmatrix}$$

행렬 AB의 1행 1열은 A의 1행과 B의 1열을 이용해서 계산합니다. 행렬 AB의 1행 2열은 A의 1행과 B의 2열을 이용해서 계산하고, 행렬 AB의 2행 1열은 A의 2행과 B의 1열을 이용해서 계산합니다. 마지막으로 행렬 AB의 2행 2열은 A의 2행과 B의 2열을 이용해서 계산합니다.*

이러한 행렬의 곱셈의 정의에 따라 몇 가지 특이한 점이 생깁니다. 우선 행렬의 곱셈은 앞에 곱하는 행렬의 열의 수와 뒤에 곱하는 행렬의 행의 수가 같아야만 가능합니다. 이때 곱한 행렬의 크기는 (앞 행렬의 행의 수) × (뒤 행렬의 열의 수)가 됩니다. 예를 들어 2×3행렬 A와 3×2행렬 B를 곱하는 것이 가능하고, 그 곱인 AB는 2×2행렬이 됩니다. 한편 BA는 3×3 행렬이 되겠지요. 여기서 보았듯이, 일반적으로 AB와 BA는 같지 않습니다. 즉, 행렬의 곱셈에서는 교환법칙이 성립하지 않습니다. 몇 가지 예를 더 볼까요?

(1) $\begin{pmatrix} 1 & 2 \\ 0 & 1 \end{pmatrix}\begin{pmatrix} -1 & 0 \\ 0 & 2 \end{pmatrix} = \begin{pmatrix} -1 & 4 \\ 0 & 2 \end{pmatrix}$ (2) $\begin{pmatrix} 2 & 0 \\ 1 & 3 \end{pmatrix}\begin{pmatrix} 1 \\ 2 \end{pmatrix} = \begin{pmatrix} 2 \\ 7 \end{pmatrix}$

(3) $\begin{pmatrix} 1 & 2 \\ 3 & 4 \end{pmatrix}\begin{pmatrix} 1 & 0 \\ 0 & 1 \end{pmatrix} = \begin{pmatrix} 1 & 2 \\ 3 & 4 \end{pmatrix}$ (4) $\begin{pmatrix} 1 & 0 \\ 0 & 1 \end{pmatrix}\begin{pmatrix} 1 & 2 \\ 3 & 4 \end{pmatrix} = \begin{pmatrix} 1 & 2 \\ 3 & 4 \end{pmatrix}$

* 벡터의 내적을 알고 있다면, 이 계산은 각 행렬의 행벡터와 열벡터의 내적을 구하는 계산으로도 이해할 수 있습니다.

$$(5)\ \begin{pmatrix} 2 & -5 \\ -1 & 3 \end{pmatrix}\begin{pmatrix} 3 & 5 \\ 1 & 2 \end{pmatrix} = \begin{pmatrix} 1 & 0 \\ 0 & 1 \end{pmatrix}$$

예시 (3)에서 사용된 행렬 $\begin{pmatrix} 1 & 0 \\ 0 & 1 \end{pmatrix}$을 단위행렬이라고 하고, E 또는 I로 나타냅니다. 이 행렬은 행렬의 곱셈에서 실수 곱셈의 1과 같은 역할을 합니다. (3)과 (4)의 결과를 한번 관찰해보세요. 한편 (5)에서는 두 행렬을 곱한 결과 단위행렬 $\begin{pmatrix} 1 & 0 \\ 0 & 1 \end{pmatrix}$이 나왔습니다. 이러한 관계에 있는 두 행렬을 역행렬이라고 합니다. 즉, (5)에서 $A=\begin{pmatrix} 2 & -5 \\ -1 & 3 \end{pmatrix}$, $B=\begin{pmatrix} 3 & 5 \\ 1 & 2 \end{pmatrix}$라고 하면, A는 B의 역행렬, B는 A의 역행렬이고, 이를 기호로 $B=A^{-1}$ 혹은 $A=B^{-1}$와 같이 나타냅니다.

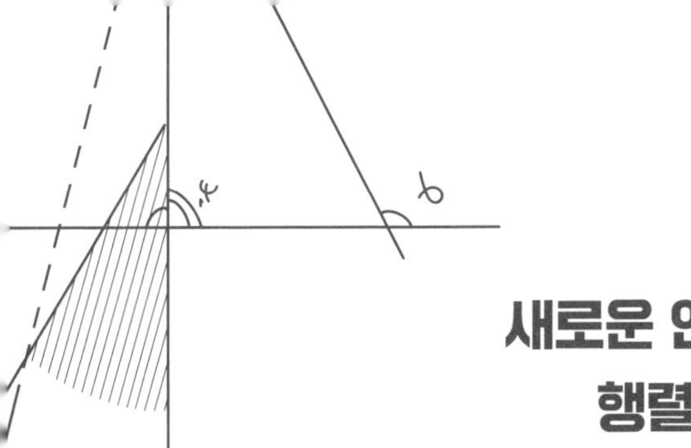

새로운 언어, 행렬

행렬은 대표적으로 연립방정식을 해결하는 데 활용됩니다. 먼저 연립방정식을 행렬을 사용하여 나타내볼까요? 예를 들어 연립방정식 $\begin{cases} 2x+3y=5 \\ 3x-2y=1 \end{cases}$은 $\begin{pmatrix} 2 & 3 \\ 3 & -2 \end{pmatrix}\begin{pmatrix} x \\ y \end{pmatrix}=\begin{pmatrix} 5 \\ 1 \end{pmatrix}$과 같이 쓸 수 있습니다. 그러면 이 연립방정식은 어떻게 풀까요? 바로 계수로 이루어진 행렬의 역행렬을 찾아 이 식에 곱하면 됩니다. 역행렬은 이미 구하는 방법*이 밝혀져 있으니, 계산만 열심히 하면 어렵지 않게 구할 수 있습니다. 이 경우 계수로 이루어진 행렬의 역행렬은 $\begin{pmatrix} 2 & 3 \\ 3 & -2 \end{pmatrix}^{-1}=-\frac{1}{13}\begin{pmatrix} -2 & -3 \\ -3 & 2 \end{pmatrix}$이 나오네요. 행렬로 나타낸 연립방정식 $\begin{pmatrix} 2 & 3 \\ 3 & -2 \end{pmatrix}\begin{pmatrix} x \\ y \end{pmatrix}=\begin{pmatrix} 5 \\ 1 \end{pmatrix}$의 좌우에 이 역행렬을 곱하고 정리하면, x와 y값을 구할 수 있겠죠?

---

* 사실 이 부분이 중요합니다. 이미 공식화되어 있다는 건, 식이 더 복잡해져도 컴퓨터로 계산을 돌릴 수 있다는 뜻이기도 합니다. 2×2 행렬 $A=\begin{pmatrix} a & b \\ c & d \end{pmatrix}$의 역행렬은 $A^{-1}=\frac{1}{ad-bc}\begin{pmatrix} d & -b \\ -c & a \end{pmatrix}$임이 이미 밝혀져 있습니다. 증명은 직접 곱해서 $\begin{pmatrix} 1 & 0 \\ 0 & 1 \end{pmatrix}$이 나오는지 확인하면 됩니다. 간단하니 이 정도는 외워두기를 권장합니다. 역행렬의 식을 잘 보면 $ad-bc\neq0$의 조건이 필요하다는 사실을 알 수 있습니다. 즉, $A=\begin{pmatrix} a & b \\ c & d \end{pmatrix}$에 대하여 $ad-bc=0$인 경우에는 역행렬이 존재하지 않습니다. 이때 $ad-bc$를 이 행렬의 행렬식이라 하고, $|A|$ 또는 $\det A$로 나타냅니다.

$$-\frac{1}{13}\begin{pmatrix}-2 & -3\\ -3 & 2\end{pmatrix}\begin{pmatrix}2 & 3\\ 3 & -2\end{pmatrix}\begin{pmatrix}x\\ y\end{pmatrix}=-\frac{1}{13}\begin{pmatrix}-2 & -3\\ -3 & 2\end{pmatrix}\begin{pmatrix}5\\ 1\end{pmatrix}$$

$$\begin{pmatrix}x\\ y\end{pmatrix}=-\frac{1}{13}\begin{pmatrix}-2\times 5-3\times 1\\ -3\times 5+2\times 1\end{pmatrix}=-\frac{1}{13}\begin{pmatrix}-13\\ -13\end{pmatrix}=\begin{pmatrix}1\\ 1\end{pmatrix}$$

계산해보니 $x=1$, $y=1$이라는 결과가 나오네요. 미지수가 2개밖에 없는 연립방정식을 풀어서 감동이 덜한데, 만약 변수가 n개인 연립방정식이라면 얘기가 달라질 겁니다. 즉, 아래와 같이 $x_1, x_2, \cdots, x_n$으로 미지수가 많은 연립방정식도 우측과 같이 행렬의 곱으로 표현할 수 있고 이때도 앞과 같은 방식으로 역행렬을 구하여 $x_1, x_2, \cdots, x_n$을 어렵지 않게 찾아낼 수 있습니다.

$$\begin{cases}a_{11}x_1+a_{12}x_2+\ldots+a_{1n}x_n=b_1\\ a_{21}x_1+a_{22}x_2+\ldots+a_{2n}x_n=b_2\\ \ldots\\ a_{n1}x_1+a_{n2}x_2+\ldots+a_{nn}x_n=b_n\end{cases} \Rightarrow \begin{pmatrix}a_{11} & a_{12} & \ldots & a_{1n}\\ a_{21} & a_{22} & \ldots & a_{2n}\\ \ldots & \ldots & \ldots & \ldots\\ a_{n1} & a_{n2} & \ldots & a_{nn}\end{pmatrix}\begin{pmatrix}x_1\\ x_2\\ \ldots\\ x_n\end{pmatrix}=\begin{pmatrix}b_1\\ b_2\\ \ldots\\ b_n\end{pmatrix}$$

이 밖에도 행렬은 일차변환이라는 특정한 함수를 표현할 때, 두 표 안의 여러 수를 곱하여 한 번에 나타낼 때, 디지털 이미지를 수학적으로 표현할 때 등 다양한 상황에서 활용됩니다. 사실 행렬은 어떻게 보면 언어와 같아서, '다양하다'라는 말로 쉽게 표현하기가 민망할 정도로 여러 곳에서 사용됩니다. 혹시나 행렬을 더 깊게 공부해보고 싶다면 인터넷에 '선형대수학'에 대한 내용을 찾아보기를 바랍니다.

경제에서 행렬을 활용하는 법

이번엔 행렬이 경제적인 맥락에서 어떻게 사용되는지를 좀 더 이야기하려고 합니다.

다음 표는 어떤 회사에서 세 직원의 2022년, 2023년 분기별 영업액을 각각 나타낸 것입니다(단위는 100만 원이라고 가정하겠습니다).

2022년	1분기	2분기	3분기	4분기
갑돌	100	90	80	120
을순	30	40	50	10
병만	60	80	95	40

2023년	1분기	2분기	3분기	4분기
갑돌	60	50	70	40
을순	40	90	50	70
병만	30	40	20	80

만약 2022년과 2023년의 영업액 합계를 알아보고 싶다면 행렬을 어떻게 사용하면 좋을까요? 네, 지금 생각하는 대로 두 표를 행렬로 나타내어 그 합을 계산하면 됩니다.

$$M_{2022} = \begin{pmatrix} 100 & 90 & 80 & 120 \\ 30 & 40 & 50 & 10 \\ 60 & 80 & 95 & 40 \end{pmatrix} \quad M_{2023} = \begin{pmatrix} 60 & 50 & 70 & 40 \\ 40 & 90 & 50 & 70 \\ 30 & 40 & 20 & 80 \end{pmatrix}$$

$$\Rightarrow M_{2022} + M_{2023} = \begin{pmatrix} 160 & 140 & 150 & 160 \\ 70 & 130 & 100 & 80 \\ 90 & 120 & 115 & 120 \end{pmatrix}$$

이와 같이 두 표를 행렬로 바꾸고 합한 $M_{2022}+M_{2023}$이 2022년과 2023년의 영업액 합계를 나타내는 행렬이 됩니다.

행렬을 이용해서 뭔가 하나 하기는 했는데 좀 심심하죠? 이번에는 행렬의 곱셈을 이용해서 다른 상황을 표현해보겠습니다.

만약 기념품 가게 두 곳에서 세 종류의 상품을 다음 표처럼 서로 다른 가격으로 판매한다고 생각해봅시다. 또, 3명의 소비자가 이 세 종류의 상품을 다음과 같이 구매할 계획이 있다고 해봅시다. 이때 위쪽 표의 단위는 원, 아래 표의 단위는 개라고 합시다. 즉 두 표는 갑돌 스토어에서 상품 A, B, C를 각각 2원, 3원, 4원에 팔고 있으며, 소비자1은 상품 A, B, C를 각각 1개, 2개, 3개 살 계획이 있다는 뜻으로 해석하면 됩니다. 을순 매장과 소비자2, 3도 해석이 되지요?

	상품A	상품B	상품C
갑돌 스토어	2	3	4
을순 매장	3	4	4

구매 계획	소비자1	소비자2	소비자3
상품A	1	3	2
상품B	2	2	2
상품C	3	2	2

각각의 소비자가 자신의 계획대로 상품을 구매한다면, 갑돌 스토어에 갔을 때와 을순 매장에 갔을 때, 각각 돈을 얼마씩 소비하게 될까요? 보통의 계산법으로는 여러 번 곱셈을 해야 하겠지만, 다음과 같이 행렬의 곱을 사용하면 비교적 간단히 파악할 수 있습니다.

$$\begin{pmatrix} 2 & 3 & 4 \\ 3 & 4 & 4 \end{pmatrix}\begin{pmatrix} 1 & 3 & 2 \\ 2 & 2 & 2 \\ 3 & 2 & 2 \end{pmatrix}$$

$$= \begin{pmatrix} 2\times1+3\times2+4\times3 & 2\times3+3\times2+4\times2 & 2\times2+3\times2+4\times2 \\ 3\times1+4\times2+4\times3 & 3\times3+4\times2+4\times2 & 3\times2+4\times2+4\times2 \end{pmatrix}$$

$$= \begin{pmatrix} 20 & 20 & 18 \\ 23 & 25 & 22 \end{pmatrix}$$

곱셈의 결과로 나온 $\begin{pmatrix} 20 & 20 & 18 \\ 23 & 25 & 22 \end{pmatrix}$은 무슨 의미일까요? 이는 소비자1이 갑돌 스토어에서는 20원을, 을순 매장에서는 23원을 쓰게 된다는 뜻입니다. 같은 식으로 해석하면 갑돌 스토어와 을순 매장에서 소비자2는 20원과 25원을, 소비자3은 18원과 22원을 각각 사용하게 되겠죠. 뭔가 행렬로 계산하니 복잡한 식이 비교적 간단히 해결되는 것 같다는 느낌이 옵니다.

다음으로는 행렬을 이용해 연립방정식을 해결해보겠습니다. 어떤 상품의 수요곡선이 $Q_d=a-bP$, 공급곡선이 $Q_s=-c+dP$로 주어졌을 때 시장 균형을 구해봅시다(a,b,c,d는 양수입니다). 주어진 식을 행렬을 이용하여 표현하면 다음과 같습니다(시장 균형에선 $Q_d=Q_s$이므로 둘 모두 Q로 나타내겠습니다).

$$\begin{cases} Q=a-bP \\ Q=-c+dP \end{cases} \Rightarrow \begin{cases} bP+Q=a \\ -dP+Q=-c \end{cases}$$

$$\Rightarrow \begin{pmatrix} b & 1 \\ -d & 1 \end{pmatrix}\begin{pmatrix} P \\ Q \end{pmatrix} = \begin{pmatrix} a \\ -c \end{pmatrix}$$

이때 계수로 이루어진 행렬 $\begin{pmatrix} b & 1 \\ -d & 1 \end{pmatrix}$의 역행렬 $\frac{1}{b+d}\begin{pmatrix} 1 & -1 \\ d & b \end{pmatrix}$를 마지막 식의 양변에 곱하면 P와 Q를 구할 수 있겠죠?

$$\begin{pmatrix} P \\ Q \end{pmatrix} = \frac{1}{b+d}\begin{pmatrix} 1 & -1 \\ d & b \end{pmatrix}\begin{pmatrix} a \\ -c \end{pmatrix} = \frac{1}{b+d}\begin{pmatrix} a+c \\ ad-bc \end{pmatrix}$$

위 식을 계산해보면 $P=\frac{a+c}{b+d}$, $Q=\frac{ad-bc}{b+d}$의 값이 나옵니다. 이때 이 식이 유의미하려면 P와 Q의 값이 모두 양수여야 합니다. 여기에선 a,b,c,d가 모두 양수라는 가정이 있었으므로, P와 Q의 값이 모두 양수가 나오려면 $ad-bc>0$라는 조건이 있어야 한다는 사실을 알 수 있습니다.

케인즈의 국민소득결정 모형

마지막으로 도입에서 잠시 언급했던 거시경제학 이론 중 하나인 케인즈의 국민소득결정 모형을 행렬로 표현해보겠습니다. 케인즈의 국민소득결정 모형은 국민소득이 어떤 식으로 결정되는지를 설명하는 이론입니다. 이 모형은 다음과 같은 2개의 방정식으로 구성됩니다.

$$\begin{cases} Y=C+I_0+G_0 \\ C=C_0+b(1-t)Y \end{cases}$$

이 식에서 Y는 총공급(국민소득), C는 가계 소비, I_0는 기업의 투자, G_0는 정부 지출을 의미합니다. C_0는 가계가 생존하는 데 소비하는 최소 액수, t는 정부가 국민소득에 부과하는 세금의 비율, b는 소득이 한 단위 늘어날 때 소비가 늘어나는 비율을 나타내는 '한계소비성향'입니다. 이론 자체를 이해하기보다는 이론에 나타난 수식을 어떻게 행렬로 다루는지를 아는 것이 목표이므로 자세한 설명은 줄이겠습니다.

두 식을 간단히 요약하자면 총공급은 총수요와 같으며, 가계의 소비는 '소득에 상관없이 생존을 위해 무조건 소비해야 하는 금액'과 '소득에 따라 달라지는 소비액'의 합이라는 뜻입니다.

이 식의 목표는 균형국민소득, 즉 방정식의 해가 되는 Y의 값을 구하는 것입니다. 행렬로 변형하면 아래와 같이 나타나겠지요.

$$\begin{aligned} Y-C&=I_0+G_0 \\ b(1-t)Y-C&=-C_0 \end{aligned} \quad \Longrightarrow \quad \begin{pmatrix} 1 & -1 \\ b(1-t) & -1 \end{pmatrix}\begin{pmatrix} Y \\ C \end{pmatrix}=\begin{pmatrix} I_0+G_0 \\ -C_0 \end{pmatrix}$$

오른쪽 식을 역행렬을 이용하여 계산하면 다음과 같이 Y와 C를 얻을 수 있습니다.

$$\begin{pmatrix} Y \\ C \end{pmatrix}=\frac{1}{1-b(1-t)}\begin{pmatrix} 1 & -1 \\ b(1-t) & -1 \end{pmatrix}\begin{pmatrix} I_0+G_0 \\ -C_0 \end{pmatrix}$$

$$=\frac{1}{1-b(1-t)}\begin{pmatrix} I_0+G_0+C_0 \\ b(1-t)(I_0+G_0)+C_0 \end{pmatrix}$$

사실 이 연립방정식은 단순해서 굳이 행렬을 사용할 필요가 없긴 합니다. 하지만 이론이 조금만 복잡해지면 행렬이 아주 유용한 도구가 된다는 사실을 엿볼 수 있지요. 가령 거시경제학에서 자주 쓰이는 IS-LM*

모형의 경우 다음과 같이 표현됩니다.

$$\begin{cases} Y=C+I+G_0 \\ C=C_0+b(1-t)Y \\ I=I_0-er \\ fY-gr=M_0 \end{cases} \Rightarrow \begin{cases} Y-C-I=G_0 \\ b(1-t)Y-C=-C_0 \\ I+er=I_0 \\ fY-gr=M_0 \end{cases}$$

$$\Rightarrow \begin{pmatrix} 1 & -1 & -1 & 0 \\ b(1-t) & -1 & 0 & 0 \\ 0 & 0 & 1 & e \\ f & 0 & 0 & -g \end{pmatrix} \begin{pmatrix} Y \\ C \\ I \\ r \end{pmatrix} = \begin{pmatrix} G_0 \\ -C_0 \\ I_0 \\ M_0 \end{pmatrix}$$

여기에서도 Y를 구한다고 생각해봅시다. 위쪽의 연립방정식 형태라면 4개의 방정식을 복잡하게 계산하며 Y의 값을 찾아가야 합니다. 그러나 아래쪽과 같은 행렬의 형태라면 역행렬을 구하거나 크래머 공식Cramer's rule을 사용하여 Y의 값을 찾아갈 수 있습니다. 계산이 결코 간단하지는 않지만, 공식대로 따라가기만 하면 답을 구할 수 있으니, 크게 부담되는 일은 아닙니다.

여기까지 행렬을 사용하여 경제적인 맥락을 표현하는 몇 가지 방법을 알아보았습니다. 앞에선 쉬운 맥락을 소개한다고 했는데 결국엔 다시 어려워졌네요. 요지는 새로운 상황을 다룰 땐 새로운 수학이 사용되어야

---

* I는 투자Invesement, S는 저축Saving, L은 유동성 선호Liquidity preference, M은 화폐 공급Money supply을 의미합니다. 재화시장과 화폐시장을 함께 고려하는 모형이라고 보면 됩니다. 더 구체적인 설명은 거시경제학을 다룬 서적을 참고하길 바랍니다.

하고, 필요하다면 새로운 수학을 만들어나가야 할 수도 있다는 겁니다. 결국 수학도 인간이 만들어가는 것이니까요.

수학의 언어로 직관을 넘어서기

3장에서는 본격적으로 수학으로 경제 현상을 표현하고 분석하는 여러 방법을 소개했습니다. 특히 효용함수, 생산함수, 비용함수, 수요·공급함수와 같이 경제 현상을 나타내는 여러 함수를 중심으로 다루었습니다. 사실 도입에서 복잡한 현상을 간단하게 나타내보겠다고 했지만, 수학적으로 나타낸다고 해서 현상이 간단하고 단순해지는 경우는 별로 없는 것 같습니다. 특히 변수의 개수가 많아지면 간단과는 점점 거리가 멀어지는 느낌이 들지요. 대신 어떤 현상을 수학적으로 표현하면 정해진 것과 정해지지 않은 것, 원인과 결과의 관계가 분명하게 드러나 현상을 명확하게 설명할 수 있었습니다. 설명을 위한 도구로서 수학의 가치가 나타나는 부분이었다고 생각합니다.

언어로서의 수학 이야기로 3장을 마무리할까 합니다. 여러분은 수학이 뭐라고 생각하나요? 논리? 구조? 게임? 여러 비유가 사용될 수 있을 것 같습니다. 이런 비유 모두 수학의 특징을 일부분씩 담아내고 있어서, 무엇 하나가 답이라고 말하기는 어렵습니다. 저는 수학을 나타내는 여러 말 중 '언어'라는 비유를 좋아합니다. 수학이 언어라는 생각은 수학으로 어떤 현상을 모델링하는 상황에서 잘 드러납니다. 예를 들어 어떤 상품을 소비하면 점점 만족도가 늘어나는데, 이 늘어나는 양은 일정하지 않고 점차 줄어듭니다. 이를 수학적으로 모델링하면 앞서 다룬 효용함수가 되지요. 효용함수에서는 소비량 1단위가 늘어날수록 증가하는 효용의 양이 점차 줄어드는데 수학으로는 이러한 현상을 $\frac{d^2U}{dQ^2}<0$와 같은 부등식으로 표현합니다. 여러 단어를 이용하여 설명해야 하는 상황을 부등식 하나로 나타내는 셈이죠. 수학은 이렇듯 복잡한 상황을 간단한 표현으로 명확하게 나타내는 데 효과적인 언어라고 생각합니다. 부차적인 것들을 제외하고 핵심만을 전달함으로써 경제적이고 명확한 사고를 가능하게 해주는 언어죠.

그런데 이 언어를 잘 사용하려면 조건이 있습니다. 수학이라는 언어의 규칙에 익숙해야 합니다. 영어를 배울 때 문법을 알아야 의도하는 바를 정확하게 전달할 수 있는 것처럼, 수학에서도 논리, 개념, 정의, 용법, 규칙을 명확히 알아야만 자신이 뜻하는 바를 정확하게 전달할 수 있습니다. 저는 이 지점이 수학을 공부하는 의미라고 생각합니다. 타인과 교류하기 위해, 공통의 문법으로 대화하기 위해 수학 공부가 필요하다는 말이지요. 특히 복잡하고 섬세한 의미를 나타내고자 한다면 그러한 의미를 포착해낼 수 있는 고급진 수학을 더 공부해야 할 겁니다.

물론 수학이 가진 구조적 아름다움에 이끌려서, 논리적이고 합리적인 체계가 좋아서, 문제 해결이 즐거워서 수학을 공부하는 사람도 있겠고, 저 또한 그런 부류의 사람에 속합니다. 다만 여기에서 말하고 싶은 건 이러한 전통적인 이유 외에도 '타인과 합리적으로 의사소통 하고 싶다'는 욕구도 얼마든지 수학을 공부할 이유가 된다는 겁니다.

언어와 수학의 또 다른 공통점을 말하며 마무리하고 싶습니다. 예전에 공간벡터를 가르칠 때 한 학생이 "인간은 3차원 공간을 수월하게 다룰 만큼 직관이 발달하지 않았기 때문에 벡터라는 논리적 도구를 이용해 고

차원의 공간을 탐색하는 것 같다"는 말을 한 적이 있습니다. 우리가 문자 언어를 통해 비로소 고차원의 개념을 사고할 수 있듯이, 수학이라는 언어를 이용하면 직관을 넘어서는 영역을 탐구할 수 있다는 사실을 통찰한 말 같아 깊게 인상에 남았습니다. 이 학생의 말처럼 수학과 언어는 모두 인간이 더 자유롭게 생각을 펼치도록 문을 열어주는 열쇠가 아닐까요?

4

한정된 자원으로 최선의 결과를

: 합리적 선택

가성비를 수학적으로 계산하는 최적화 문제

인터넷으로 물건을 구매해본 적, 다들 있으시지요? 작은 물건을 사더라도 여러 사이트를 비교하며 최대한 정보를 모으고, 될 수 있으면 저렴한 가격에 만족도가 가장 높은 제품을 구매하려고 노력해본 적이 있을 겁니다. 아무리 엄마가 카드를 허락해준다고 해도 아무 사이트나 들어가서 제품을 막 사지는 않겠죠. 시간과 노력을 기울여 싼 가격에 좋은 물건을 샀다는 생각이 들면 '잘 샀다' 싶어 마음이 뿌듯해집니다. 역시 나야! 하는 생각에 우쭐한 적도 있을 것 같네요.

이렇게 물건을 구매하기 위해 체계적으로 계획을 세우고 최선을 다하는 사람은 경제학에서 말하는 합리적인 사람이라고 볼 수 있습니다. 합리적인 의사결정으로 최대의 효용을 얻으려는 사람인 거죠. 합리적 의사결정은 비단 물건의 구매뿐만 아니라 경제활동 전반에서 필요합니다. 예를 들어 기업인이라면 자신의 회사에서 상품을 얼마나 생산해야 최대의 이득을 얻을 수 있는지를 판단해야 합니다. 제품을 무작정 많이 생산한다고 이득이 커지지는 않으니까요. 소비자라면 제한된 조건에서 얼마나 제품을 소비해야 최대의 효용을 얻는지 판단해야 합니다. 가령 뷔페를 가더라도 뭘 어떻게 먹어야 최대한 가성비를 뽑을지 생각하는 게 사람이잖아요.

합리적 선택을 위한 노력은 수학적으로는 함수의 최댓값, 혹은 최솟값을 구하는 문제와 맞물립니다. 흔히 '최적화 문제'라고도 하지요. 최적화 문제 해결 과정은 앞서 3장에서 다룬 수학적 모델링의 과정이라고도 볼 수 있습니다. 현실의 문제 상황을 수학적으로 표현하고, 수학 이론을 활용해 최댓값이나 최솟값을 찾은 후, 이를 다시 현실의 상황에 적용해 적절한 의사결정을 하는 과정이니까요. 최적화 문제를 해결함으로써 우리는 경제 주체에게 가장 이득이 되는 합리적인 생산량과 노동량, 가격 등을 찾게 됩니다. 그래서 최적화 문제는 수학의 실용성을 피부로 밀접하게 느낄 수 있는 분야이기도 합니다. 수학적으로 문제를 해결하면 돈이 되니까요.

따라서 4장에서는 경제에서 최적화 문제를 적용해보고 그때 필요한 여러 수학적 도구를 소개하려고 합니다. 앞보다 조금 복잡한 수학이 본격적으로 사용되지만, 차분히 읽어가면 충분히 이해할 수 있을 거예요.

이윤 극대화

더 높은 최댓값을 구하는 법

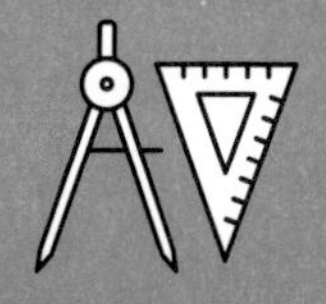

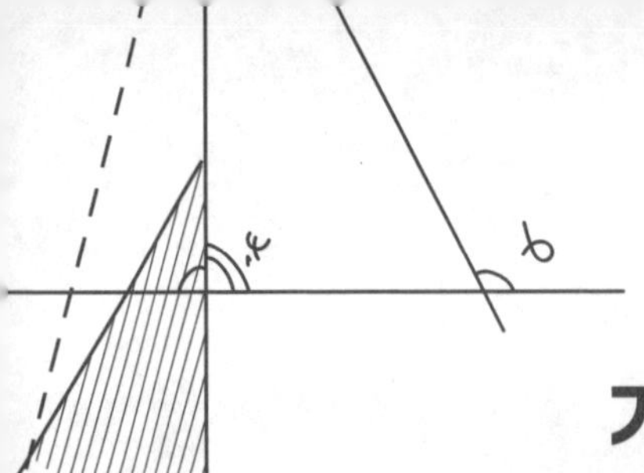

기업은 어떻게 목적을 달성하는가?

여러분이 어떤 기업을 운영한다고 생각해봅시다. 기업은 상품이나 재화를 생산해서 이윤을 남겨야 하지요. 편의상 공장을 갖고 있다고 하겠습니다. 그러면 제품을 얼마나 만들면 좋을까요? 많이 만들어서 많이 팔면 이윤이 많이 남을 테니까 무조건 많이 만들면 좋을까요? 사람을 3교대로 써서 공장을 24시간 가동하면 될까요? 공장을 24시간 가동해서 제품을 만들면 그만큼 생산비용이 들어갈 테니 이 방법은 영 아닌 것 같습니다. 시장에 물건이 너무 많이 풀리면 제 가격을 유지하기 어려울 것 같기도 하고요. 상식적으로만 생각하더라도 무작정 제품의 생산량을 늘려서 능사가 아니라는 사실을 알 수 있습니다. 그렇다면 기업의 이윤을 최대로 남기는 적당한 생산량은 어떻게 알 수 있는지 의문이 생기죠. 여기에선 이 질문에 답을 찾아보려고 합니다.

기업의 목적은 보다 많은 이윤을 남기는 것입니다. 이윤(π)은 제품을 팔아서 생긴 모든 수입, 즉 총수입(TR)에서 제품을 생산하는 데 사용된 경비인 비용(C)을 빼서 계산합니다. 이때 총수입은 생산한 제품의 가격(p)과 생산량(Q)의 곱으로 결정*되고, 비용은 앞서 다룬 것처럼 생산량에 대한 함수이므로 $C(Q)$로 표현할 수 있습니다. 그러면 결국 이윤 π는 아래와 같은 식으로 결정되겠지요.

$$\pi(Q)=TR(Q)-C(Q)$$

여기에선 편의상 기업이 시장을 독점하고 있다고 가정하겠습니다.** 총수입은 가격과 생산량을 곱한 값이므로 $TR(Q)=pQ$인데, 이때 가격 p는 상수가 아니라 수요함수에 의해 결정되는 값입니다. 시장을 독점한 기업이라고 하더라도 소비자 수요를 무시하고 가격을 책정할 순 없으니까요. 만약 수요함수가 $Q_d=f(p)$와 같은 형태를 가진다면, 이때 가격은 $p=f^{-1}(Q_d)$, 즉 수요함수의 역함수에 의해 결정됩니다.

그래프 개형으로 최적의 생산량 구하기

이윤을 극대화하는 생산량을 찾는다는 말은 앞서 구한 $\pi(Q)$의 최댓값을 찾는다는 말과 같습니다. 함수의 최댓값을 구하는 방법은 다양한데, 여기에선 미분으로 그래프 개형을 이용하는 방법을 소개하려고 합니다. 그

* 생산한 제품은 모두 팔린다는 가정이 있습니다.

** 반대로, 한 기업이 시장을 독점하지 않고 무수히 많은 기업이 동일한 품질의 재화를 판매한다고 생각해봅시다. 이때 개별 기업은 시장 전체의 수요에 따라 결정된 가격을 수용해야 하겠지요. 동일한 품질의 재화를 판매하는데 가격을 높이면 팔리지 않을 테니까요. 이런 상황을 완전경쟁이라고 합니다. 이런 경우 가격 p는 상수로 주어집니다.

러려면 우선 미분이 뭔지, 그래프 개형은 어떻게 찾는지를 알아야겠죠. 차근차근 설명해보겠습니다.

함수와 관련된 문제를 해결할 때, 함수의 그래프는 우리에게 여러 정보를 제공합니다. 그래프를 보면 직관적으로 함수가 어디에서 증가하고 감소하는지, 최댓값과 최솟값은 어디에서 나타나는지, 어떤 점에서 축과 만나는지 등을 알 수 있죠. 또한 두 함수의 그래프를 동시에 그리면 두 함수 사이의 관계도 손쉽게 파악할 수 있습니다. 이는 함수식을 사용한 방정식과 부등식 문제를 쉽고 직관적으로 해결하는 단초가 됩니다. 만약 이윤함수의 그래프를 그릴 수 있다면, 이윤이 최댓값이 되는 최적생산량도 쉽게 찾아낼 수 있겠죠. 이런 이유로 함수의 그래프 개형을 찾는 문제는 중요합니다.

그렇다면 함수의 그래프 개형은 어떻게 그릴까요? 물론 함숫값을 직접 구해서 점을 찍어가며 그래프를 그리는 방법도 있겠지만 그건 너무 힘이 들겠죠. 바로 이때 미분이 등장합니다. 미분을 사용하여 함수의 증감을 파악하면 그래프를 쉽게 그릴 수 있습니다.

앞서 탄력성 부분에서 미분을 설명하며 미분계수는 한 점에서의 순간적인 변화율이며, 기하적으로는 접선의 기울기를 나타낸다고 설명했습니다. 그런데 접선의 기울기는 함수의 증감에 따라 달라집니다. 예를 들어 함수 $y=-x^2+3$의 그래프를 나타낸 다음의 그림을 보겠습니다.

왼쪽 그림은 함수가 증가하는 구간에 있는 점(A, B, C)에서 접선을 나타낸 그래프이고, 오른쪽 그림은 감소하는 구간에 있는 점(D, E, F)에서 접선을 나타낸 그래프입니다. 왼쪽의 접선은 기울기가 모두 양수이고, 오른쪽의 접선은 기울기가 모두 음수이죠. 이처럼 접선의 기울기는 함수

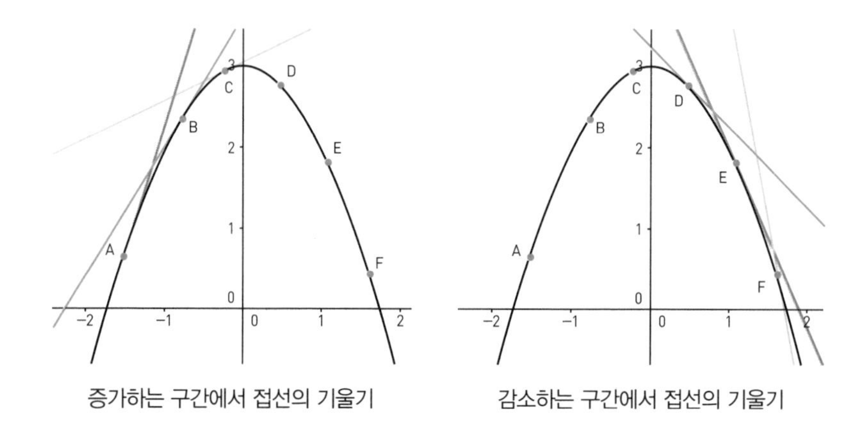

증가하는 구간에서 접선의 기울기　　감소하는 구간에서 접선의 기울기

가 증가하는 구간에서는 양수이고, 감소하는 구간에서는 음수입니다. 이를 거꾸로 이용하면 각 점에서의 접선의 기울기, 즉 미분계수를 구해 함수의 그래프의 증가와 감소를 알 수 있겠지요.

물론 각 점에서의 미분계수를 구할 때마다 매번 미분계수의 정의를 이용하여 계산하지는 않습니다. 이때는 특정한 점 대신 일반적인 x값에서의 미분계수를 나타내는 새로운 함수를 유도하여 사용합니다. 이렇게 미분계수를 나타낸 함수를 **도함수**라 하고, $f'(x)$로 표현합니다. $f'(x)$의 정의는 아래와 같습니다.

$$f'(x)=\lim_{h\to 0}\frac{f(x+h)-f(x)}{h}$$

$x=a$에서의 미분계수 $f'(a)$의 정의와 비교해보면, 특정한 값 a가 일반적인 변수를 나타내는 x로 바뀌었다는 것을 알 수 있습니다. 이제 도함수와 그래프의 증감에 대한 논의를 다음과 같이 정리*할 수 있습니다.

- $f'(x)>0$인 구간에서 함수의 그래프는 증가한다.
- $f'(x)<0$인 구간에서 함수의 그래프는 감소한다.

위의 도함수 정의를 활용하면 다항함수의 도함수를 유도할 수 있는데, 여기에선 간단히 결과만 소개하겠습니다. 일반적으로 함수 $y=x^n$의 도함수는 $y'=nx^{n-1}$이고, 이를 응용하면 다음과 같이 정리해볼 수 있습니다.

다항함수 $f(x)=a_nx^n+a_{n-1}x^{n-1}+\cdots+a_1x+a_0$의 도함수는

$$f'(x)=na_nx^{n-1}+(n-1)a_{n-1}x^{n-2}+\cdots+2a_2x+a_1$$

도함수 그래프에 어떤 정보가 있을까?

이제 함수 $y=-2x^3+9x^2-12x+7$의 그래프를 그려봅시다. 앞의 설명대로 도함수를 구하면 $y'=-6x^2+18x-12$가 나옵니다. 이때 x값에 따른 y'의 부호를 조사하여 표로 나타내면 y'이 어디에서 양수 또는 음수가 되는지 판별하기가 수월해집니다. 이를 **증감표**라고 합니다. 증감표를 그릴 때에는 $y'=0$이 되는 x의 값을 먼저 찾으면 편리하겠지요.

---

* 이 부분에서는 논의를 간단히 하기 위해 접선의 기울기를 이용해 직관적으로만 접근했습니다. 엄밀히 설명하려면 함수의 증가와 감소의 정의와 평균값정리를 사용해야 합니다. 교과서에서 평균값정리를 배우면서도 왜 평균값정리가 도함수를 활용한 함수의 증감 판정에 앞서 등장하는지, 정작 학생들은 잘 모르는 경우가 많은데요. 먼저 평균값정리를 다루어야 도함수의 부호로 함수의 증감을 말하는 데 논리적 근거가 생기기 때문입니다.

x	…	1	…	2	…
y'	−	0	+	0	−
y	↘	2	↗	3	↘

$y'=-6x^2+18x-12=-6(x-1)(x-2)$이므로, $x=1$ 또는 $x=2$일 때 $y'=0$이 됩니다. 이를 표로 표현하면 위와 같습니다. 표의 첫 줄은 x값의 변화를 나타낸 것입니다. y'이 있는 행은 x값에 따른 y'의 부호를 나타낸 것이고요. y가 있는 행에서는 y'의 부호에 따른 y값의 변화를 나타냈습니다. y는 y'이 양수일 때 증가하고, 음수일 때 감소합니다. 마지막으로 표의 내용에 따라 그래프를 그리면 아래와 같습니다.

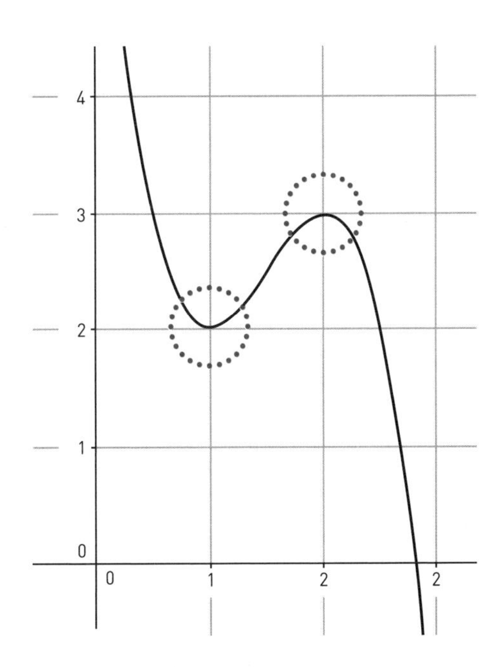

들어오는 돈보다 버는 소득이 더 높아지려면?

우리는 앞에서 함수의 그래프 개형을 그려보았습니다. 그렇다면 그려진 그래프에서 어떤 정보를 찾아야 하는 걸까요? 일단 중요한 건 이 함수가 언제 최댓값이나 최솟값을 갖느냐입니다. 그래야 앞에서 다룬 최적생산량을 찾을 수 있을 테니까요. 따라서 그래프에서 주목해야 할 부분은 함수의 증가와 감소가 바뀌는 부분입니다. 앞의 그래프에서 동그라미가 쳐진 부분을 보세요. 왼쪽 동그라미에서는 함수가 감소하다 증가하고, 오른쪽 동그라미에서는 함수가 증가하다 감소하죠? 이렇게 함수의 증가와 감소가 바뀌는 부분에서 함수가 극대 또는 극소를 가진다고 하고, 이때의 함숫값을 극댓값 또는 극솟값이라고 부릅니다.

함수의 그래프를 관찰하면, 극대나 극소가 나타나는 점은 보통* 주변보다 함숫값이 높거나 낮다는 것을 알 수 있습니다. 예를 들어 앞의 그래

* 극대와 극소의 정의에 따르면 상수함수는 모든 점에서 극값을 가집니다. 그래서 여기에선 '보통'이라는 표현을 사용했습니다. 보통이라는 말은 보통이 아닌 경우도 있다는 뜻이죠. 엄밀한 정의는 항상 교과서를 확인하기를 바랍니다.

프의 동그라미가 그려진 부분 안에서는 $x=2$, $x=1$에서의 함숫값이 최댓값 또는 최솟값이 됩니다. 이렇게 극댓값과 극솟값은 국소적으로 봤을 때 최댓값과 최솟값이 될 수 있다는 점에서 의미가 있습니다. 이는 곧 적당히 구간을 제한했을 때 극대 또는 극소인 점에서 최댓값이나 최솟값이 나타날 가능성이 있다는 말이기도 합니다. 예를 들어 앞의 함수에서 x값의 구간을 $\left(\frac{1}{2}, \frac{5}{2}\right)$로 제한한다면 최솟값은 $x=1$일 때의 함숫값 2가 되고 최댓값은 $x=2$일 때의 함숫값 3이 되겠지요. 정리하자면, 함수의 극값은 최댓값과 최솟값의 후보로서 의미가 있다는 말입니다.

함수의 극값은 어떻게 찾을 수 있을까요? 기본적인 방법은 $f'(x)=0$의 해가 되는 x값을 찾아보는 겁니다. 하지만 $f'(x)=0$을 만족시키는 x값이 언제나 극값이 되지는 않습니다. $f'(x)=x^3$과 같이 $f'(x)=0$을 만족하더라도 그 x값 주변에서 함수의 증감이 바뀌지 않는 경우도 있기 때문입니다. 이때는 그 x값 주변의 함숫값을 직접 확인하면서 $f'(x)$의 부호가 바뀌는지, 즉 함수의 증감이 바뀌는지를 봐야 합니다. 함수가 증가하다 감소하면 극댓값이, 감소하다 증가하면 극솟값이 나타난다는 말이니까요. 이렇게 찾은 극값이나 구간의 양 끝값을 중심으로 그래프를 관찰하면 주어진 범위에서 함수의 최댓값이나 최솟값을 찾을 수 있습니다. 이윤함수 $\pi(Q)$의 최댓값을 구하고 최적생산량을 찾는 것이지요.

함수의 증감을 알아내는 방법

이제 이윤을 극대화하는 생산량을 결정하는 과정을 예시로 한번 살펴봅시다. 상품의 수요함수가 $Q=100-\frac{p}{4}$, 생산비용이 $C(Q)=\frac{1}{3}Q^3-9Q^2+200Q+100$으로 주어졌을 때 이윤을 극대화하는 생산량을 구해보겠습니다. 이윤을 극대화하는 생산량을 경제에서는 **최적생산량**이라고 합니다.

최적생산량을 구하려면 우선 이윤을 식으로 나타내야 합니다. 기억을 되짚어봅시다. $\pi(Q)=TR(Q)-C(Q)$였는데, 이미 $C(Q)$는 주어졌죠? 그러면 $TR(Q)=pQ$를 Q에 관한 식으로 나타내어봅시다. 수요함수가 $Q=100-\frac{p}{4}$로 주어져 있으니, p를 Q에 대한 식으로 나타낼 수 있겠지요. $Q=100-\frac{p}{4}$의 양변에 4를 곱해서 식을 잘 정리하면, $p=400-4Q$가 나옵니다. 여기에 다시 Q를 곱하면, $pQ=400Q-4Q^2$가 되고요. 이것이 $TR(Q)$입니다. 그러면 식을 대입해서 $\pi(Q)$는 아래와 같이 정리할 수 있겠네요.

$$\begin{aligned}\pi(Q)&=(400Q-4Q^2)-(\frac{1}{3}Q^3-9Q^2+200Q+100)\\&=-\frac{1}{3}Q^3+5Q^2+200Q-100\end{aligned}$$

이윤 $\pi(Q)$를 식으로 표현했으면, 이제 이윤이 극대가 되는 Q값을 찾아야 합니다. 여기에선 미분을 사용합니다. 앞서 구한 $\pi(Q)$를 미분해볼까요?

$$\pi'(Q)=-Q^2+10Q+200=-(Q+10)(Q-20)$$

여기에서 우리의 관심은 $\pi'(Q)=0$이 되는 Q의 값입니다. 인수분해 된 우측의 식을 보면, $\pi'(Q)=0$을 만족하는 Q의 값은 $Q=-10$ 또는 $Q=20$입니다. 이때 생산량 Q는 양수여야 하므로, 조건에 맞는 값은 $Q=20$이겠지요? 이렇게 계산한 Q가 최대 이윤을 남기는 최적생산량입니다.

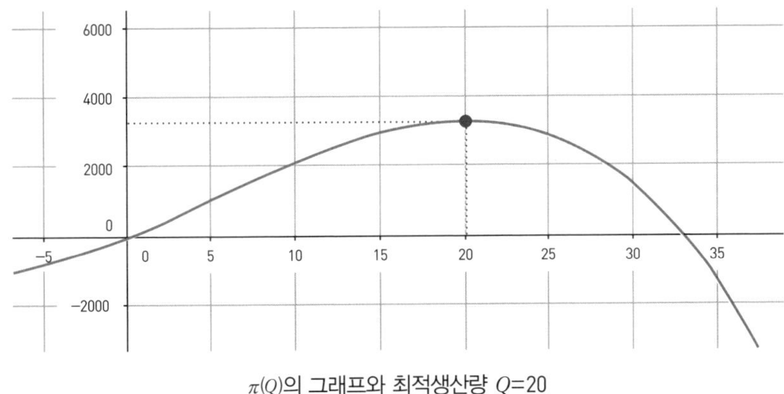

$\pi(Q)$의 그래프와 최적생산량 Q=20

앞에서 구한 $\pi(Q)$를 그래프로 확인해봅시다. $\pi(Q)$의 그래프는 위 그림과 같이 나타납니다. Q의 값이 Q=20보다 크거나 작은 경우 $\pi(Q)$의 값이 작아진다는 것을 어렵지 않게 확인할 수 있네요.

한계수입과 한계비용: 수학을 빼고 최적생산량 구하기

앞서 미분을 이용하여 이윤함수 $\pi(Q)=TR(Q)-C(Q)$의 최적생산량을 구하는 절차를 소개했습니다. 하지만 이런 방법은 기본적으로 미분에 대한 이해가 선행되어야 하죠. 그렇다면 미분을 모르면 최적생산량을 구할 수 없을까요? 그렇지는 않습니다. 이번에는 미분을 사용하지 않고 최적생산량을 구하는 방법*을 알아봅시다.

* 사실 이 과정에 미분의 개념이 녹아 있기는 합니다.

경제학에서는 소비자의 합리적인 의사결정이 한계적marginal*으로 이루어진다고 가정합니다. '한계적'이라는 말은 사람들이 하는 일의 제일 끝부분에서 판단이 이루어진다는 말입니다. 말이 좀 이상하죠? 예를 들어 온갖 종류의 색종이를 좋아하는 태준이의 경우를 생각해보겠습니다. 태준이가 1,000원을 갖고 있다면 태준이는 문방구에서 새로운 색종이를 사려고 할 겁니다. 새 색종이를 사면 기분이 좋거든요. 그런데 이렇게 몇 번 사다 보니 색종이를 살 때의 기쁨이 점차 줄어듭니다. 집에 색종이가 너무 많아졌으니까요. 게다가 아빠가 자꾸 뭐라 하기도 합니다. 그때가 되면 태준이는 1,000원을 들여서 색종이를 살 때의 기쁨이 1,000원보다 클지 아닐지를 판단하겠죠. 합리적인 아이라면 색종이를 살 때의 기쁨이 1,000원보다 크다고 판단될 때만 색종이를 살 겁니다. 이처럼 금액을 한 단위 더 지불했을 때 추가되는 이득이 얼마나 되느냐를 기준으로 판단을 내리는 것을 한계적 의사결정이라고 합니다.

다시 이윤 얘기로 돌아갑시다. 기업이 재화를 생산해서 판매하면 수입은 증가합니다. $TR=pQ$인데 Q가 늘어나니까요. 한편 재화를 생산할 때는 비용도 함께 증가합니다. 재화를 생산하는 데 재료비, 인건비 등이 사용될 테니까요. 따라서 생산량을 한 단위 늘릴 때는 수입과 비용이 모두 늘어나지요. 이때 생산량을 한 단위 늘릴 때 늘어난 수입을 **한계수입**, 늘어난 비용을 **한계비용**이라고 합니다.

이윤은 수입에서 비용을 뺀 값이므로, 생산량을 한 단위 늘릴 때마다 한계수입만큼 늘고 한계비용만큼 줄어듭니다. 만약에 한계수입이 한계

---

* 한계에 관해선 3장에서 한계효용을 이야기하며 언급한 적이 있습니다.

비용보다 크다면 이윤은 늘어나겠고, 한계비용이 한계수입보다 크다면 이윤은 줄어들 겁니다. 기업은 한계수입이 한계비용보다 클 때는 계속 생산량을 늘리고, 한계수입이 한계비용보다 작을 때는 생산량을 줄이겠지요. 그러다가 한계수입과 한계비용이 같아지면 더이상 생산량을 변화시키지 않을 겁니다. 생산량을 더 늘려도, 줄여도 이윤이 줄어드는 상황이 되었으니까요. 즉, 이때 기업의 이윤이 최대가 됩니다. 이때의 생산량을 최적생산량이라고 하고요. 다시 말해, 최적생산량은 한계수입과 한계비용이 일치할 때의 생산량을 말합니다. 어떤가요? 미분을 하나도 사용하지 않아도 최적생산량을 논리적으로 찾을 수 있지요?

흥미로운 건, 이렇게 말만으로 최적생산량을 찾아가는 과정이 사실 미분해서 찾는 과정과 일치한다는 겁니다. $\pi(Q)=TR(Q)-C(Q)$의 양변을 미분하면 $\pi'(Q)=TR'(Q)-C'(Q)$가 되는데, 이때 $TR'(Q)$는 한계수입, $C'(Q)$는 한계비용을 의미하거든요. 결국 $\pi'(Q)=0$인 Q를 찾는 과정은 $TR'(Q)-C'(Q)=0$, 즉 $TR'(Q)=C'(Q)$를 만족하는 Q를 찾는 과정과 같죠. 즉, 이윤함수를 미분해서 도함수가 0이 되는 값을 찾는 일이나 한계수입과 한계비용이 일치하는 순간을 찾는 일이나 같다는 말입니다. 수학스러운 접근과 경제스러운 접근 중 무엇이 더 마음에 드나요?

경제 리터러시

이윤만이 목적이 아닌 기업도 있다

앞에서 기업의 목적은 이윤 추구라고 했지요? 하지만 기업 중에는 이윤만이 아니라, 환경 보호, 취약계층 보호, 지역경제 활성화와 같은 사회적 가치 실현을 목적으로 하는 기업도 존재합니다. 이러한 기업을 '사회적기업'이라고 부릅니다.

사회적기업[1]은 취약계층에게 사회 서비스 또는 일자리를 제공하여 지역주민의 삶의 질을 높이는 등 사회적 목적을 추구하면서 영업 활동을 하는 기업으로서 고용노동부 장관의 인증을 받은 기관으로 정의됩니다. 일반 기업이 이윤을 목적으로 한다면 사회적기업은 사회적 가치 실현을 주된 목적으로 한다는 차이가 있습니다.

사회적기업의 등장은 자본주의 사회의 문제점을 극복하려는 사회적경제 운동과 밀접한 관계가 있습니다. 기업의 지나친 이윤 추구는 때때로 노동자 착취, 환경 파괴, 불공정 거래 등 사회 질서를 해치는 결과를 낳기도 하는데요. 사회적경제 운동은 이러한 무분별한 자본주의적 가치 추구를 비판하고 보다 사회적인 가치를 구현하고자 시작된 시민들의 자발적인 경제 활동을 말합니다. 사회적기업은 사회적경제 운동의 한 유

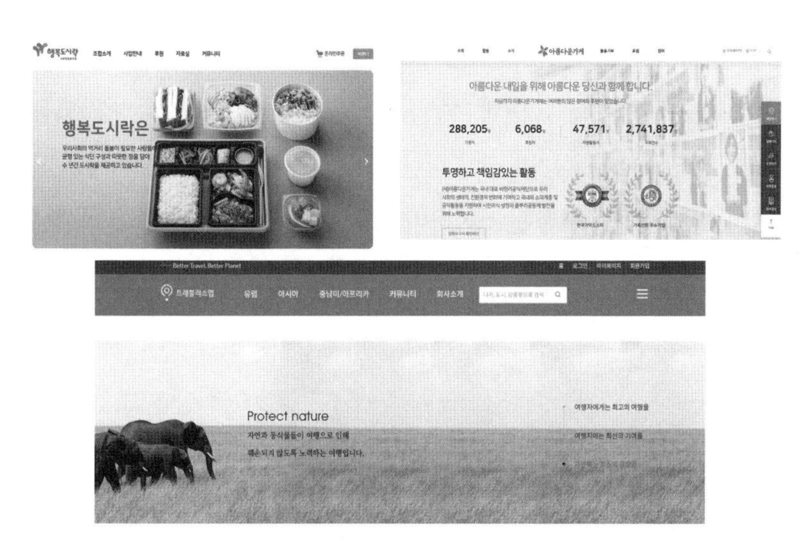

행복도시락, 아름다운가게, 트래블러스 맵 홈페이지 화면

형으로 이해할 수 있습니다. 한국사회적기업진흥원에서는 사회적기업의 유형을 일자리 제공형, 사회 서비스 제공형, 혼합형, 기타(창의, 혁신)형, 지역사회 공헌형으로 구분하여 설명합니다.

우리나라에는 결식 이웃에게 무료 도시락을 만들어 배달하고 취약계층을 고용하여 일자리를 제공하는 행복도시락, 물건의 나눔과 순환에 앞장서면서 우리 사회의 친환경적 변화를 추구하는 아름다운가게, 지속가능한 여행을 추구하는 트래블러스맵 등을 포함해[2] 3,500개가 넘는 사회적기업이 인증을 받아 활동하고 있습니다(2023년 6월 기준).

해외에도 수많은 사회적기업이 운영되고 있습니다. 미국 3,391개, 영국 10만 개, 일본 20만 5,000개, 인도 약 200만 개(2020년 기준[3]) 등 전 세계의 무수히 많은 기업이 이윤뿐만 아니라 사회적 가치를 구현하려고 노력합니다.

사회적기업이 추구하는 사회적 가치를 잘 살펴보면 그 근간에 공동체 구성원들 사이의 협동, 연대, 상생, 배려와 같은 단어가 자리하고 있음을 느낄 수 있습니다. 각자도생이 당연한 세상의 이치로 받아들여지는 시대에, 사회적기업의 제품을 소비하며 그들이 추구하는 가치에 동참해보면 어떨까요?

효용 극대화

미분으로 설명하는 "기왕이면 다홍치마"

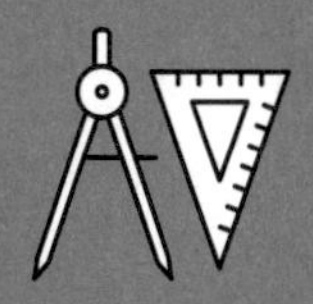

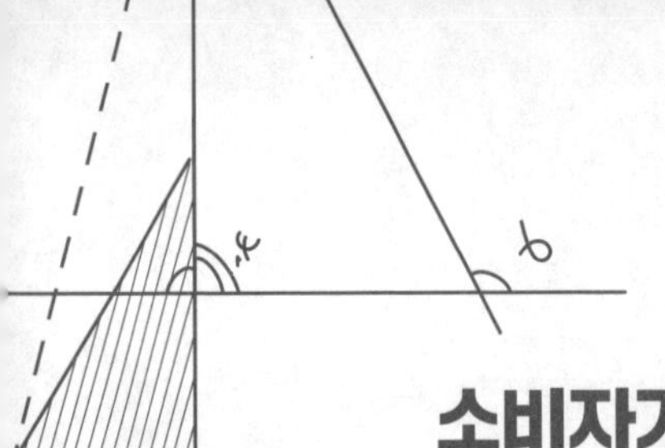

소비자가 가장 행복해지는 순간을 찾아서

낯선 곳에 가서 밥을 사 먹어야 한다고 생각해봅시다. 선택의 여지가 없다면 어쩔 수 없겠지만, 시간과 돈이 충분하다면 스마트폰을 켜서 동네 맛집을 검색하고 가장 맛있어 보이는 집을 찾아가겠지요. 누구나 동네 맛집을 한 번쯤은 찾아봤잖아요?

사람들이 더 맛있는 집을 찾아보는 수고를 감수하는 이유는 같은 비용을 사용했을 때 그로부터 얻는 만족감, 즉 효용이 가장 커지는 선택을 하기 위해서입니다. 사실 음식뿐만이 아니죠. 신발이나 옷을 하나 사더라도 얼마나 많은 인터넷 사이트를 찾아보던가요? 같은 돈으로 더 큰 효용을 얻기 위해 행동하는 것은 지극히 합리적이고 자연스러운 일입니다.

그러자면 자연스럽게 소비자는 최대의 효용을 얻기 위해 어떻게 행동하는가? 소비자는 언제 최대의 효용을 얻는가? 같은 의문이 떠오릅니다. 보통 소비자가 언제 최대의 효용을 얻는지를 이론적으로 설명할 수 있다면, 소비자의 행동을 예측하거나 이해하는 데 도움을 얻을 수 있겠지요. 따라서 여기서는 소비자가 한 가지 재화만을 소비하는 경우와 두 가지 이상의 재화를 소비하는 경우를 나누어 소비자 효용을 극대화하는 방법을 알아보도록 하겠습니다.

한 재화만을 소비할 때: 미분으로 구하는 최댓값

먼저 소비자가 한 가지 재화만을 소비하는 경우입니다. 이런 경우 변수를 소비량으로만 생각하면 되므로 앞서 다룬 미분을 이용해 간단히 해결할 수 있습니다. 예를 들어 태준이가 젤리 Q개를 소비했을 때의 효용함수가 $U(Q)=6Q-Q^2$로 주어진다고 생각해보겠습니다. 이때는 효용함수의 최댓값이 곧 최대 효용이 됩니다. $U(Q)=6Q-Q^2$일 때, 도함수는 $U'(Q)=6-2Q$이므로 $U'(Q)=0$을 만족하는 Q의 값은 $Q=3$이네요. 또, $Q=3$의 좌우에서 $U'(Q)$의 부호가 양수에서 음수로 바뀌므로 $U(Q)$의 그래프는 증가에서 감소로 바뀌지요. 즉, $Q=3$일 때 $U(Q)$가 최대임을 알 수 있습니다. 다음 그래프에서 이와 같은 사실을 확인할 수 있습니다.

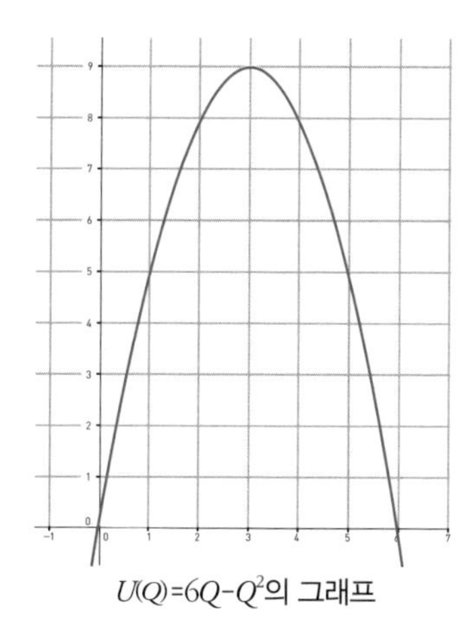

$U(Q)=6Q-Q^2$의 그래프

소비량(Q)	한계효용	효용
0	–	0
1	5	5
2	3	8
3	1	9
4	−1	8
5	−3	5
6	−5	0

소비량, 한계효용, 효용의 표

한편 이러한 사실은 표에서도 확인됩니다. 앞의 오른쪽 표는 소비량에 따른 효용과 한계효용을 나타낸 표입니다. 여기에서도 소비량이 Q=3일 때 효용이 최댓값을 가집니다. 그래프나 표에서 모두 한계효용이 Q=3을 기점으로 줄어든다는 사실이 보이네요. 한계효용체감의 법칙이 수치로 나타난 것이지요.

둘 이상의 재화를 소비할 때: 한계효용균등의 법칙

소비자는 한 가지 재화만을 소비하지 않습니다. 아이들도 젤리만 간식으로 주면 금방 질려하잖아요? 과자나 사탕 같은 간식을 적당히 섞어서 줘야 만족도가 높아집니다. 그러니 이번에는 소비자가 두 가지 재화를 소비하는 상황에서 언제 최대의 효용을 얻는지 생각해보겠습니다.

다음은 태준이가 사 먹는 젤리와 사탕의 효용과 한계효용을 나타낸 표입니다. 젤리와 사탕이 각각 400원, 200원이라고 가장했을 때, 1,000원으로 합리적인 소비를 하려면 젤리와 사탕을 각각 몇 개씩 사야 할까요?

소비량	젤리 한계효용	젤리 효용	사탕 한계효용	사탕 효용
0	–	0	–	0
1	12	12	10	10
2	9	21	8	18
3	6	27	6	24
4	3	30	4	28
5	0	30	0	28

소비량에 따른 젤리와 사탕의 효용

(젤리, 사탕)	총효용
(0,5)	0+28=28
(1,3)	12+24=36
(2,1)	21+10=31

총효용의 계산

1,000원으로 태준이가 얻을 수 있는 최대 효용을 계산하려면 우선 1,000원으로 살 수 있는 젤리와 사탕의 조합을 생각해야 합니다. 그리고 각각의 조합에 해당하는 효용의 합을 계산해야 하죠. 위의 표는 1,000원으로 태준이가 살 수 있는 젤리와 사탕의 조합과 그로부터 얻는 효용의 합을 계산한 결과입니다. 표의 계산 결과를 보면, 젤리를 1개, 사탕을 3개 샀을 때 효용이 최대가 되네요.

그렇다면 태준이가 젤리를 1개, 사탕을 3개 선택한 이유는 무엇일까요? 태준이는 어떤 판단을 거쳐 이러한 조합을 선택한 걸까요? 태준이가 처음부터 젤리 1개, 사탕 3개를 살 때 최대 효용이 나온다고 계산하고 물건을 구매하지는 않았을 텐데 말이죠. 우리도 처음부터 효용을 계산하면서 물건을 사지는 않잖아요.

이를 이해하려면 태준이의 생각을 따라가볼 필요가 있습니다. 이때 판단 기준은 각 재화의 1원에 대한 한계효용, 즉 한계효용을 각 재화의 가격으로 나눈 값입니다. 쉽게 말해 가성비라고 생각하면 됩니다. 다음 표는 앞의 사례에서 젤리와 사탕의 한계효용을 각각의 가격으로 나누어 나타낸 값입니다.

우선 태준이가 아무것도 사지 않은 상황에서 젤리나 사탕을 산다고 생각해보겠습니다. 태준이는 처음으로 무엇을 살까요? 표에 따르면 젤리 1개를 살 때의 가성비*는 0.03이고, 사탕 1개를 살 때의 가성비는 0.05이므

소비량	젤리 한계효용	한계효용/ 젤리 가격	사탕 한계효용	한계효용/ 사탕 가격
0	–	–	–	–
1	12	0.03	10	0.05
2	9	0.0225	8	0.04
3	6	0.015	6	0.03
4	3	0.0075	4	0.02
5	0	0	0	0

젤리와 사탕의 한계효용

로 태준이는 처음에 사탕을 사겠네요**. 사탕 1개를 사고 난 후, 태준이는 젤리를 1개 살 때의 가성비와 사탕을 2개째 살 때의 가성비를 비교해야 합니다. 전자는 0.03, 후자는 0.04이므로 이번에도 사탕이 더 높네요. 그러니 이번에도 사탕을 삽니다. 이제 비교할 것은 젤리를 1개 살 때의 가성비 0.03과 사탕을 3개째 살 때의 가성비 0.03입니다. 이때는 뭘 사더라도 상관없습니다. 만약 젤리를 샀다면, 다음에는 젤리를 2개째 살 때의 가성비 0.0225와 사탕을 3개째 살 때의 가성비 0.03을 비교하게 되므로, 사탕을 3개째 살 때 더 합리적입니다(사실 젤리 1개를 더 살 돈도 없습니다). 결국 젤리 1개와 사탕 3개를 삽니다. 만약 사탕을 3개째 샀다면, 젤리 1개의 가성비 0.03과 사탕 4개째의 가성비 0.02를 비교하게 되는데 이때는 젤리를 사야 더 이득이므로 결국 젤리 1개를 삽니다. 이때에도 젤리 1개, 사탕 3개의 조합으로 귀결됩니다.

---

* 정확히는 각 재화의 1원당 한계효용이지만 여기에선 편의상 '가성비'라고 부르겠습니다. '성능'을 '한계효용'이라고 생각하면 됩니다.

** 여기에서는 태준이를 합리적인 소비자라고 가정합니다. 젤리에 중독된 소비자라면 가성비에 무관하게 젤리를 샀을 겁니다.

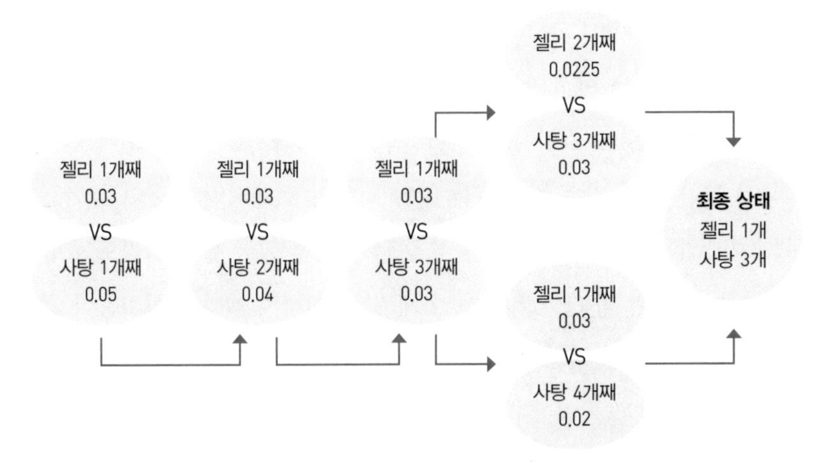

젤리 1개, 사탕 3개를 사기 위한 태준이의 판단

결과적으로 보면 태준이는 그때그때 두 재화의 가성비를 비교하며 가성비가 더 높은 재화를 소비하는 방향으로 결정을 내렸습니다. 그러다 보면 결국 두 재화 중 어떤 재화를 소비하더라도 상관없는 순간, 그러니까 각 재화의 1원에 대한 한계효용이 같아지는 순간이 옵니다. 만약 어느 한 재화의 1원에 대한 한계효용이 더 높다면, 그 재화를 더 많이 선택해서 더 높은 효용을 얻었겠죠. 그런데 두 재화의 한계효용이 같아지는 시점에선 더 높은 효용을 얻을 방법이 없습니다. 즉, 이때의 효용이 주어진 자원에서 소비자가 최대로 얻을 수 있는 효용이 됩니다.

일반적으로 소비자가 여러 재화를 소비하는 경우, 각 재화의 1원에 따른 한계효용이 같아지도록 소비할 때 효용은 최대가 됩니다. 이를 **한계효용균등의 법칙**이라고 합니다. 흔히 뷔페에 갔을 때의 상황으로 이 법칙을 설명하는데요. 뷔페에 가서 스테이크가 좋다고 계속 스테이크만 먹으면 곧 물리죠. 스테이크의 한계효용이 떨어졌기 때문입니다. 이때 고

집을 부리며 스테이크로만 배를 채우고 식당을 떠나려면 뭔가 아쉬움이 남겠죠? 먹지 못한 디저트가 눈에 아른거린 채로 식당을 떠난다면 식사 만족도가 높지 않을 겁니다. 그러니 스테이크가 물릴 때는 이보다 한계효용이 높은 음식, 새로운 음식을 찾아 먹어야 전체적인 효용이 높아집니다. 이렇게 반복해서 새로운 음식을 먹다 보면 결국 뭘 먹더라도 효용이 높아지지 않는 순간이 옵니다. 이제 뭘 더 먹어야겠다는 아쉬움이 없는 상황이죠. 만족도가 최대가 되었으니, 식당을 기분 좋게 떠나면 되겠지요?

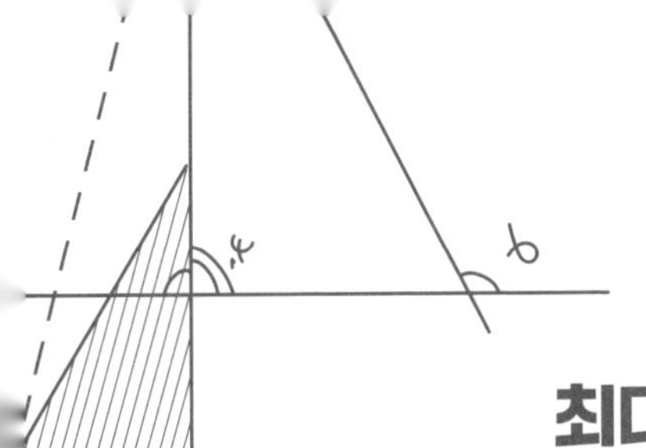

최대 효용을 위한 수학적 접근법

소비자의 효용 극대화를 설명하면서 재화를 한 가지만 소비할 때는 미분으로, 두 가지 이상 소비할 때는 한계효용균등의 법칙으로 접근했습니다. 의심 많은 독자라면 이 부분에서 똑같은 소비자의 효용 극대화 문제인데 왜 서로 설명하는 방식이 다른지 의문을 가졌으리라고 생각합니다. 혹은 한계효용균등의 법칙을 설명할 때 너무 수학적이지 못한 설명 아닌가 하는 불만을 가졌을 수도요.

따라서 여기선 한계효용균등의 법칙을 조금 더 수학적인 방법으로 설명해보려고 합니다. 재화가 2개일 때의 효용 극대화 문제도 사실은 미분을 사용하여 해결할 수 있고, 그 결과로 한계효용균등의 법칙이 설명된다는 사실을 살펴보는 것이 목표입니다.[4] 고등학교 수학을 넘어가는 내용이 빈번하게 사용되므로 내용이 잘 이해 가지 않는다면 전체적인 흐름만 보고 넘어가도 좋겠습니다.

예산제약선과 무차별곡선의 교점

두 가지 재화 A, B에 대한 소비자의 소비량이 각각 x, y이고, 이때의 효용함수가 $U=f(x,y)$*로 주어진다고 해봅시다. 편의상 $U(x,y)$라고 표현하겠습니다. 앞서 태준이가 1,000원으로 젤리와 사탕을 사는 상황을 다뤘던 것처럼, 여기서도 예산에 제약을 두어야 합니다. 소비자가 가진 예산이 c이고, A, B의 가격을 각각 a, b라고 한다면 소비자의 예산제약선**은 $ax+by=c$로 주어집니다. 우리의 목적은 이 예산제약선의 조건하에서 $U(x,y)$를 최대로 만드는 것이고요. 예산제약선 식을 y에 관한 식으로 풀어볼까요?

$$y=-\frac{a}{b}x+\frac{c}{b}$$

이를 $U(x,y)$에 대입하면 $U\left(x,-\frac{a}{b}x+\frac{c}{b}\right)$가 되지요? 이렇게 하면 $U(x,y)$는 결국 x에 관한 일변수함수로 취급할 수 있습니다. 앞서 일변수함수의 최댓값을 구할 때는 미분을 했었습니다. $U(x,y)$를 x에 대해 미분하면, 다음과 같이 나타납니다.***

---

* 이렇게 변수가 2개 이상인 함수를 다변수함수라고 합니다. 다변수함수는 3장에서 소개했습니다.

** 주어진 소득과 재화의 가격에서 소비자가 구입할 수 있는 여러 재화 묶음을 보여주는 선을 예산제약선이라고 합니다(출처: 그레고리 맨큐, 《맨큐의 경제학》, 김경환, 김종석 옮김, Cengage Learning, 505p).

*** 일반적으로 함수 $w=f(x,y)$가 연속인 편도함수 f_x, f_y를 갖고 x와 y가 $x=x(t)$, $y=y(t)$와 같이 t에 대해 미분 가능한 함수일 때, 합성함수 $w=f(x(t),y(t))$의 t에 대한 미분은 $\frac{dw}{dt}=\frac{\partial f}{\partial x}\frac{dx}{dt}+\frac{\partial f}{\partial y}\frac{dy}{dt}$가 됩니다. 여기에선 U의 x, y에 대한 편미분을 각각 U_x, U_y로 나타냈습니다.

$$\frac{dU}{dx}=U_x\frac{dx}{dx}+U_y\frac{dy}{dx}=U_x+U_y\times\left(-\frac{a}{b}\right)$$

일변수함수의 최댓값을 구하려면 $\frac{dU}{dx}=0$을 만족해야 하겠죠? $\frac{dU}{dx}=U_x+U_y\times\left(-\frac{a}{b}\right)=0$을 정리하면 결국 다음과 같은 식을 얻습니다.

$$\frac{U_x}{U_y}=\frac{a}{b} \text{ 또는 } \frac{U_x}{a}=\frac{U_y}{b}$$

이렇게 얻은 식은 둘 다 나름의 의미를 갖습니다. 첫 번째 식은 예산제약선과 무차별곡선에서 나타나는 소비자가 최대의 효용을 얻는 순간을 설명합니다.

아래의 왼쪽 그림에서 검은색 직선은 예산제약선입니다. 이 직선 위의 점 (x,y)는 소비자가 제한된 예산 내에서 재화 A를 x개, 재화 B를 y개 사는 조합을 나타냅니다. 곡선은 무차별곡선입니다. 3장에서 설명했듯 무차별곡선은 같은 크기의 효용을 갖는 재화의 조합을 연결한 선입니다.

소비자는 예산제약선 위에서만 재화를 구매할 수 있기 때문에 소비자가

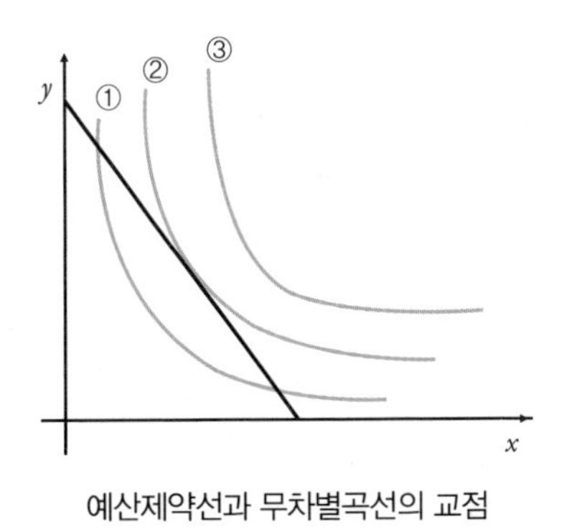

예산제약선과 무차별곡선의 교점

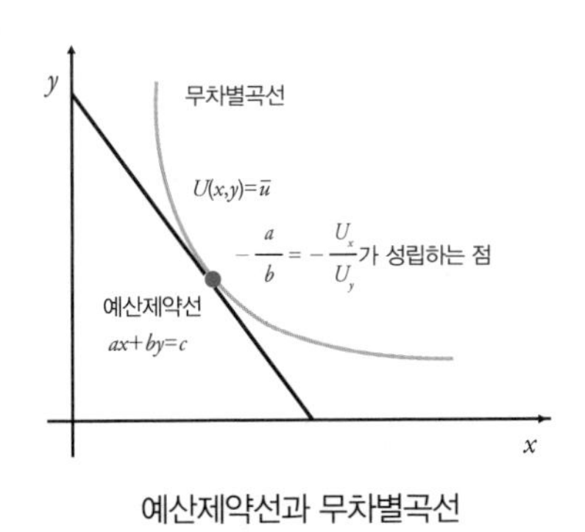

예산제약선과 무차별곡선

느끼는 효용의 크기는 예산제약선과 무차별곡선과의 교점으로 파악할 수 있습니다. 왼쪽 그림에서 무차별곡선과 예산제약선은 ①의 경우 2개의 교점을 갖고, ②의 경우 1개의 교점을 갖습니다. 각각의 교점이 나타내는 대로 재화를 구매했을 때 소비자가 느끼는 효용은 ②에서 더 크겠지요. 무차별곡선은 원점에서 거리가 멀수록 더 큰 효용을 나타내니까요. ③의 경우 효용은 가장 크지만, 예산제약선을 벗어나기 때문에 소비자는 ③이 나타내는 조합대로 재화를 구매할 수 없습니다. 왼쪽 그림으로만 볼 때, 결국 소비자가 최대의 효용을 얻는 순간은 무차별곡선과 소비제약선이 접하는 순간이겠네요.*

이 상황을 수학적으로 나타내면 앞의 첫 번째 식 $\frac{U_x}{U_y}=\frac{a}{b}$가 됩니다. 예산제약선과 무차별곡선이 접한다는 것은 두 곡선의 기울기가 일치한다는 뜻이겠지요. 앞서 사용한 예산제약선 $ax+by=c$를 정리하면 직선의 기울기는 $-\frac{a}{b}$가 나오지요? 한편 무차별곡선을 $U(\mathrm{x,y})=\bar{u}$라고 했을 때, 한 점의 기울기는 $-\frac{U_x}{U_y}$**가 됩니다. 이 둘이 같다고 했으니, 아래와 같은 등식을 만족해야 합니다.

$$-\frac{U_x}{U_y}=-\frac{a}{b}, \text{ 즉 } \frac{U_x}{U_y}=\frac{a}{b}$$

굳이 왼쪽처럼 그림을 그리지 않더라도, 언제 소비자의 효용이 최대가

---

* 보통 경제학 책에선 이를 두 재화 간의 한계대체율이 상대가격과 같아지도록 소비한다고 표현합니다.

** $U(x,y)=\bar{u}$에서 접선의 기울기 $\frac{dy}{dx}$를 구한 것입니다. $U(x,y)=\bar{u}$의 양변을 x로 미분하면 $\frac{dU}{dx}=U_x\frac{dx}{dx}+U_y\frac{dy}{dx}=0$이고, $\frac{dx}{dx}=1$이므로 정리하면 $\frac{dy}{dx}=-\frac{U_x}{U_y}$를 얻습니다.

되는지를 식이 말해준다는 것이지요.

두 번째 식 $\frac{U_x}{a}=\frac{U_y}{b}$은 처음에 설명하려고 했던 한계효용균등의 법칙을 나타냅니다. U_x와 U_y는 각각 x와 y에 대한 한계효용을 나타내고, a와 b는 두 재화의 가격을 나타내므로 $\frac{U_x}{a}=\frac{U_y}{b}$는 결국 각 재화의 1원에 대한 한계효용이 같다는 뜻이지요. 한계효용균등의 법칙을 수식으로 나타냈다고 볼 수 있습니다.

지금까지 경제학에서 소비자의 효용 극대화를 설명하는 방식을 수학적으로 풀어보았습니다. 이를 통해 두 재화의 한계대체율이 상대가격과 같도록 소비한다거나, 1원에 대한 한계효용이 같도록 소비한다는 경제학적 설명이 사실은 같은 수학적 원리인 미분으로 설명된다는 사실을 보이려고 했습니다.

다각적 관점으로 본질을 꿰뚫는 수학의 눈

이렇듯 겉보기에 서로 달라 보이는 설명을 하나의 수학적 원리로 이해하게 되는 순간이 바로 수학의 아름다움이 느껴지는 지점인 것 같습니다. 무언가 본질적인 작동 원리나 세상의 숨겨진 진실을 이해하는 듯한 느낌이 들지요. 원리나 구조를 엿보면서 느끼는 지적인 희열이 수학을 학습하는 하나의 이유가 아닐까 싶습니다.

마지막으로, 우리가 수학에서 배울 수 있는 삶의 태도를 나눠보고 싶습니다. 앞서 우리가 수학적 접근으로 만들어낸 것은 $\frac{dU}{dx}=U_x+U_y\times\left(-\frac{a}{b}\right)=0$라는 식일 뿐입니다. 이를 조작하여 $\frac{U_x}{U_y}=\frac{a}{b}$ 또는 $\frac{U_x}{a}=\frac{U_y}{b}$라는 식을 만들어

냈죠. 주어진 것을 주어진 그대로 바라보지 않고, 이리저리 바꾸다 보니 새로운 해석의 가능성이 나타났다고 볼 수 있습니다. 수학 문제를 해결하다 보면 이런 상황을 종종 경험합니다. 문제를 주어진 대로만 보지 않고, 이리저리 변형해보면서 숨은 의미를 찾아내어 문제를 해결하는 것이지요. 삶도 마찬가지라고 생각합니다. 주어진 조건을 있는 그대로 받아들이거나 피상적으로만 이해하지 않고, 잘 뜯어보고 살피다 보면 새로운 의미가 보이고 문제 해결의 실마리가 잡히는 때가 오죠. 이러한 다각적인 관점을 몸에 익힐 수 있다는 점이 바로 수학을 학습하는 중요한 이유 중 하나가 아닐까 싶습니다.

경제 리터러시

시장에서 소비자 권익을 보호하는 방법

소비자가 아무리 자신의 효용을 높이려 노력하더라도, 무수히 많은 상품이나 재화를 소비하다 보면 어딘가에선 문제가 생기게 마련입니다. 예를 들어 헬스장 1년 이용권을 환불하려는데 여러 핑계를 대면서 아주 적은 금액만 환불해준다거나, 할부 결제를 했는데 상품 배송이 예정보다 심각하게 지연되는 경우, 위험한 물질이 포함된 제품을 판매하여 소비자가 건강에 피해를 입는 경우가 있을 수 있겠지요. 이럴 때 소비자는 판매자에게 자신의 피해를 보상하라고 요구하는데, 양심적이지 못한 판매자를 만나면 아무런 보상을 받지 못하기도 합니다. 일단 돈이 판매자에게 넘어가고 나면 사실 소비자 입장에선 쩔쩔맬 수밖에 없지요.

이럴 때 곤란에 처한 소비자를 돕는 기관으로 우리나라에는 '한국소비자원'이 존재합니다. 한국소비자원은 소비자 권익을 증진하고 소비생활 향상을 도모한다는 목적으로 국가에서 설립한 전문기관입니다. 한국소비자원은 부당한 거래 관행과 제도 개선, 소비자 정책 연구, 소비자 피해 구제, 제품 안전성 시험 검사, 소비자 교육, 소비자 정보 제공 등 다양한 역할을 수행합니다.

피해를 당했을 때 직접적으로 이용할 수 있는 기관으로는 소비자상담센터가 있습니다. 소비자상담센터는 대표전화 1372번이나 인터넷 홈페이지[5]를 방문하여 이용할 수 있습니다. 소비자상담센터에 피해 사례를 접수하면 절차를 거쳐 한국소비자원으로 피해구제가 이관됩니다.

소비와 관련된 여러 정보를 얻을 수 있는 곳으로는 소비자24[6]가 있습니다. 소비자24에서는 정부·공공·민간 기관에 분산된 정보를 맞춤형으로 제공하고 피해구제기관에 대한 종합신청창구를 마련함으로써 소비생활 중 발생할 수 있는 피해 예방과 구제 서비스를 지원합니다.

누구나 양심껏 시장에 참여하고 선량하게 행동하면 좋겠지만, 사실 자본주의 사회에서 인간의 선의만큼 쉽게 무시되는 게 또 있을까 싶습니다. 결국 자신의 권익을 알아서 잘 챙겨야 하는 세상이죠. 소비자로서 자신을 보호하는 방법을 잘 알고, 피해를 입었을 때 현명하고 용기 있게 대처할 수 있기를 바라는 마음으로 이번 수업을 마무리하겠습니다.

소비자24 홈페이지

선형계획법

원한다고 모든 것을 다 만들 수는 없다

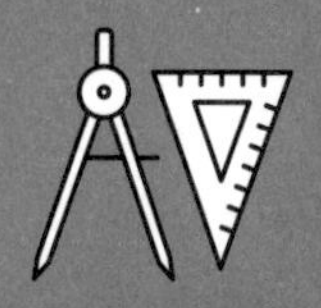

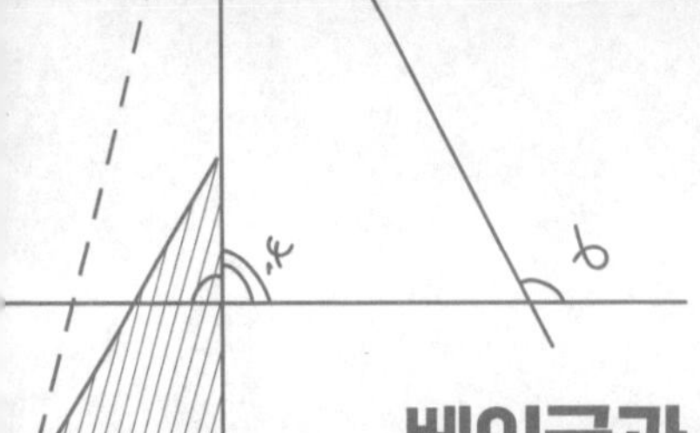

베이글과 크루아상 완판을 위한 최적의 조합

재화나 서비스를 이용할 때 우리는 늘 제한된 조건에서 의사결정을 합니다. 예를 들어 저는 프라모델 조립을 좋아하는데, 새 프라모델을 사려면 항상 제한이 따릅니다. 첫 번째 제한은 돈입니다. 한 달 용돈으로 책도 사 보고 커피도 사 먹고 남는 돈으로 프라모델까지 하나 사려면 곳곳에서 용돈을 아껴야 합니다. 두 번째는 공간입니다. 프라모델은 만들고 나면 어딘가 두어야 하기 때문에, 적당한 공간이 확보되지 않으면 새 식구를 들일 수가 없습니다. 세 번째는 나이 먹고 아직도 장난감 갖고 노냐는 세상의 눈치입니다만 이건 심리적인 문제이므로 생략하겠습니다. 요지는 경제적인 의사결정에는 항상 제한된 조건이 따른다는 점입니다.

재화를 생산할 때도 마찬가지입니다. 여러분이 베이글과 크루아상을 판매하는 빵집을 운영한다고 생각해봅시다. 베이글이 크루아상보다 더 좋다고 해서 베이글을 2배씩 더 만든다면, 본인은 행복하겠지만 수입이 크게 높아지진 않겠지요. 베이글과 크루아상이 모두 판매된다고 가정하더라도 빵을 만드는 데 들어간 시간이나 판매 가격, 빵을 생산하고 남을 재료의 양 등을 고려해서 최적의 생산량을 맞춰야 같은 양의 자원으로 얻을 수 있는 수입의 크기가 더 커질 겁니다. 장사가 그렇게 호락호락하지가 않아요. 하지만 다행히도 세상에는 상황에 따라 적절하게 사용할 수 있는 여러 최적화 방법이 존재합니다. 이번에는 이처럼 제한 조건이 있는 상황에서 합리적 의사결정을 내리는 방법을 소개하려고 합니다.

재료, 시간, 가격 조건을 그림으로 나타내보자

가게에서 베이글과 크루아상을 생산하는데 다음과 같은 조건이 있다고 생각해보겠습니다.

■ 재료

- 베이글 1개를 만드는 데에는 밀가루 200g이 필요하다.
- 크루아상 1개를 만드는 데에는 밀가루 100g이 필요하다.
- 하루에 준비된 밀가루의 양은 2,000g이다.

■ 작업 시간

- 베이글 1개를 만드는 데에는 30분이 걸린다.
- 크루아상 1개를 만드는 데에는 40분이 걸린다.
- 하루 작업 시간은 총 10시간이다.

■ 판매 가격

- 베이글은 3,000원, 크루아상은 3,500원에 판매*한다.

* 일단 여기서는 상황을 단순하게 만들기 위해 생산된 베이글과 크루아상이 모두 판매된다고 가정하겠습니다. 물론 하루에 판매되는 베이글과 크루아상의 개수에 제한을 걸어서도 문제를 풀 수 있습니다. 베이글(x)과 크루아상(y)이 하루에 각각 a개, b개 팔린다고 생각하면 조건에 $x \le a$, $y \le b$를 추가하면 됩니다.

	베이글(x)	크로와상(y)	합계
밀가루	200	100	2000(g)
작업 시간	30	40	600(분)
수입	3000	3500	3000x + 3500y

이러한 상황에서 최대의 수입을 올리려면 베이글과 크루아상을 각각 몇 개씩 만들어야 할까요? 수학적으로 답을 찾으려면 우선 상황을 수학적인 표현으로 나타내어야 하겠지요. 지금은 베이글과 크루아상의 생산량을 얼마로 했을 때 판매 수입을 최대로 올릴 수 있는지를 찾고자 하므로, 베이글 생산량을 x개, 크루아상 생산량을 y개라고 하겠습니다. 일단 조건을 위와 같이 표로 나타내면 편리합니다.

표의 첫 줄은 하루에 쓸 수 있는 밀가루의 양이 2,000g임을 의미합니다. 이 조건은 $200x+100y \leq 2000$이라는 부등식으로 나타낼 수 있습니다. 표의 두 번째 줄은 작업에 쓸 수 있는 시간이 10시간, 즉 600분이라는 뜻입니다. 이 조건은 부등식으로 $30x+40y \leq 600$으로 표현할 수 있지요. 마지막 줄은 수입입니다. 수입을 k라고 하면, 수입은 $k=3000x+3500y$로 표현할 수 있습니다. 이제 목표는 k를 최대로 얻을 수 있는 x와 y의 값을 찾는 일입니다. 문제를 다시 서술하면 아래와 같습니다.

$$\begin{cases} 200x+100y \leq 2000 \\ 30x+40y \leq 600 \end{cases} \text{일 때,}$$

$k=3000x+3500y$를 최대로 하는 x, y의 값은?

상황을 시각적으로 나타내면 조건을 만족하는 x와 y의 값을 손쉽게 찾

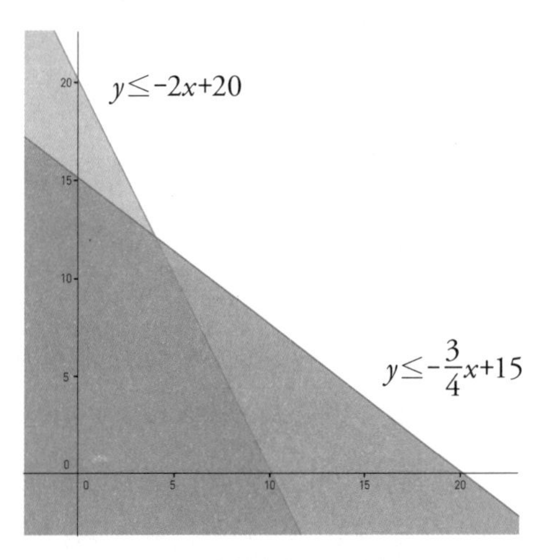

부등식이 나타내는 영역

을 수 있습니다. 주어진 조건을 잘 정리해서 부등식이 나타내는 영역을 좌표평면 위에 표현해보는 거죠.

주어진 연립부등식을 만족하는 부분을 그림으로 나타내면 위와 같습니다. 연보라색 직선 아래의 색칠된 부분은 부등식 $200x+100y \leq 2000$을 만족하는 점 (x,y)가 존재하는 영역입니다. 진보라색 직선 아래의 색칠된 부분은 부등식 $30x+40y \leq 600$을 만족하는 점 (x,y)가 존재하는 영역이고요. 부등식 $\begin{cases} 200x+100y \leq 2000 \\ 30x+40y \leq 600 \end{cases}$을 y에 대한 식, 즉 $\begin{cases} y \leq -2x+20 \\ y \leq -\frac{3}{4}x+15 \end{cases}$로 나타내보면 쉽게 이해가 됩니다. 그렇다면 두 영역이 동시에 색칠된 가운데 영역이 두 부등식을 동시에 만족하는 점 (x,y)가 존재하는 영역이겠죠.

직선을 움직여 최댓값을 찾아보자

최대의 수입을 얻는 베이글과 크루아상의 개수를 찾으려면 이 영역에 존재하는 (x,y) 중 $k=3000x+3500y$의 값이 최대가 되는 (x,y)를 찾으면 됩니다. 이때 (x,y)는 두 영역이 겹치는 진보라색 영역에도 있으면서, 직선 $k=3000x+3500y$ 위에도 있는 점입니다. 이 문제는 주어진 식 $k=3000x+3500y$를 $y=-\frac{3000}{3500}x+\frac{k}{3500}=-\frac{6}{7}x+\frac{k}{3500}$로 바꾸어 생각하면 쉽습니다. k값이 최대가 되는 (x,y)를 찾는다는 건 결국 이 직선의 y절편이 언제 최대가 되느냐와 같은 문제인 거죠. 이때 (x,y)는 진보라색 영역을 벗어나지 못하므로, 결국 $y=-\frac{6}{7}x+\frac{k}{3500}$가 진보라색 영역을 벗어나지 않으면서 y절편이 최대가 되는 순간을 찾으면 됩니다.

아래 그림의 직선 ①, ②, ③은 k의 값을 변화시켜가며 $y=-\frac{6}{7}x+\frac{k}{3500}$을 그린 그래프입니다. ①의 경우는 k값이 가장 크지만, 직선이 진보라색 영역을 벗어나버렸네요. 이는 진보라색 영역에 있으면서, 직선 위에도 있는 (x,y)가 존재하지 않는다는 뜻이므로 이 경우는 조건을 만족하지 않습니다. ③의 경우는 직선이 진보라색 영역을 지나지만, k값이 최대가 되지

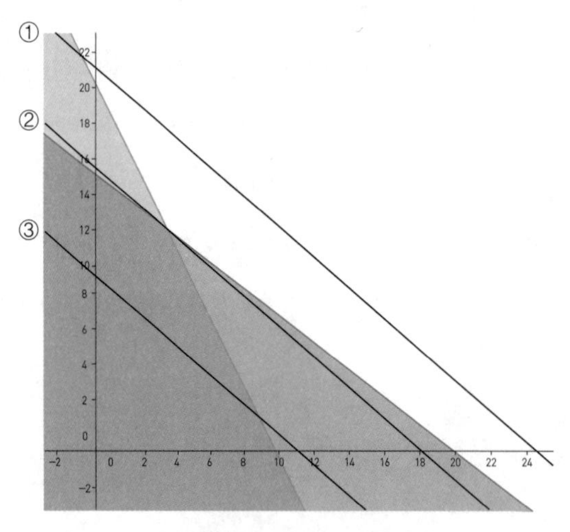

k를 최대로 만드는 직선은?

않습니다. y절편을 더 늘릴 수 있지요. ②의 경우 직선이 진보라색 영역을 지나면서(경계를 지납니다) k값이 최대가 됩니다. 따라서 ②가 문제의 정답이며, 이때 x=4, y=12이고 k=54,000입니다. 즉, 베이글을 4개, 크루아상을 12개 만들 때 주어진 조건하에서 최대 수입 5만 4,000원을 얻을 수 있다는 뜻입니다.

이렇게 선형線型 조건이 주어진 상황에서 최적의 해를 구하는 방법을 **선형계획법**이라고 합니다. 선형 조건이란 앞의 사례와 같이 주어진 제한 조건들이 일차식으로 표현되는 관계를 갖는다는 뜻이며, 최적의 해란 한정된 자원을 효율적으로 사용하여 가장 좋은 결과를 만드는 해라는 뜻입니다. 위에서는 변수와 조건이 2개만 주어졌지만, 변수와 조건이 더 많아지더라도 선형계획법을 사용할 수 있습니다. 대신 이때에는 조금 더 복잡한 알고리즘을 사용해야 하겠지요.

물론 자원의 제한 조건이 언제나 선형으로 주어지지는 않습니다. 제한 조건은 비선형으로 주어지기도 하고, 부등식이 아니라 등식으로 주어지기도 합니다. 조건이 달라지면 각 경우에 사용하는 최적화* 방법도 달라지겠지요. 이렇듯 여러 상황에 맞추어 최적화된 결과를 찾는 방법을 제공한다는 점이 경제 수학의 중요한 역할이 아닌가 싶습니다.

* 여기에선 가장 쉬운 형태의 상황을 다루었는데, 관심이 생겼다면 여러 최적화 방법을 더 알아보기를 권합니다. 최적화 문제는 경제뿐만 아니라 인공지능 등 다양한 맥락에서 거의 유사한 방식으로 사용되므로, 한번 논리를 익혀두면 두고두고 다양하게 써먹을 수 있습니다.

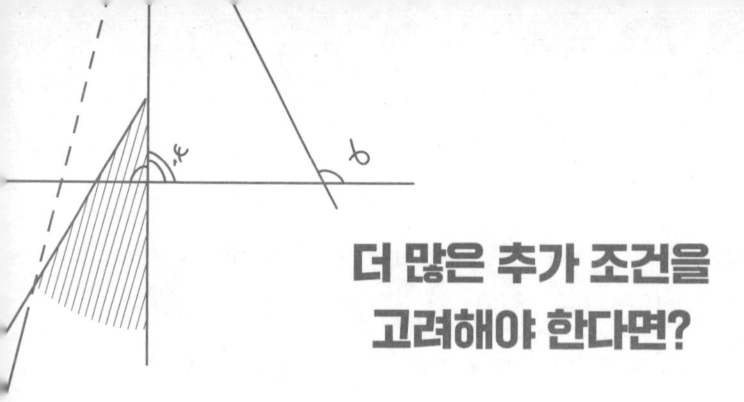

더 많은 추가 조건을 고려해야 한다면?

앞서 다룬 선형계획법의 사례는 사실 가장 단순하고 대표적인 적용 사례라고 볼 수 있습니다. 실제 선형계획법 문제를 다룰 때는 변수가 더 많아지거나 조건이 복잡해지는 경우가 흔합니다. 여기에선 앞보다 조건이 조금 더 복잡해졌을 때의 사례를 몇 가지 보이려고 합니다.

수요에 제한이 있는 경우

첫 번째는 수요에 제한이 있는 경우입니다. 앞의 예에서는 편의상 만들어진 베이글과 크루아상이 모두 팔린다고 가정했지만, 이번에는 하루에 예상되는 베이글과 크루아상의 수요가 각각 10개라고 생각하는 겁니다. 그러면 앞의 부등식은 다음과 같이 변합니다.

$$\begin{cases} 200x+100y \leq 2000 \\ 30x+40y \leq 600 \\ x \leq 10 \\ y \leq 10 \end{cases}$$

이를 나타내는 부등식의 영역은 오른쪽 그림과 같이 바뀝니다. 오른쪽 그림에서 색칠된 영역이 앞에서 다루었던 조건을 나타내는 영역이고, 색깔이 진한 사다리꼴 모양의 영역이 조건이 추가되었을 때의 영역입니다. 이때 총 수입의 최대치를 찾으려면 직선* $k=3000x+3500y$가 진한 사다리꼴 모양의 영역을 지나면서 k값이 최대가 되는 순간을 찾아야 합니다. 이 경우 그림에 나타낸 대로 (5,10)이 k가 최댓값이 되는 점입니다. 앞의 상황의 답 (4,12)와 달라졌지요?

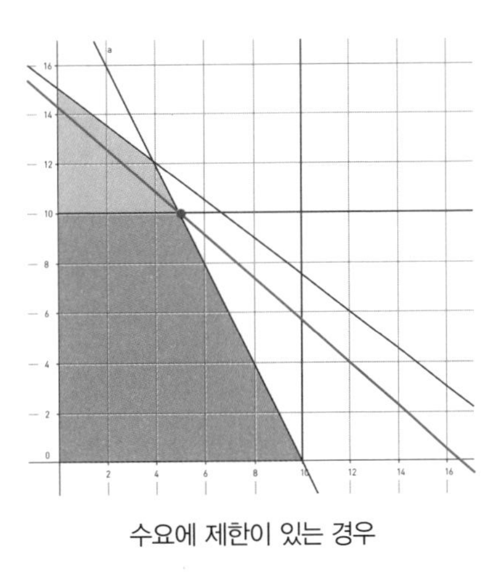

수요에 제한이 있는 경우

자원의 한정이 추가되는 경우

두 번째는 자원의 양에 조건이 추가되는 경우입니다. 앞에선 밀가루와 작업 시간에만 자원이 제한되었는데, 여기서 소금의 양에 조건이 추가된다고 생각해봅시다. 만약 베이글과 크루아상을 만드는 데 소금이 각각 50g, 10g 사용되고, 준비된 소금의 양이 400g이라고 한다면, 앞의 부등식은 다음과 같이 변합니다.

* 이렇게 최댓값을 구하고자 하는 식을 목적함수라고 부릅니다. 이런 경우 목적함수는 x와 y를 변수로 갖는 함수입니다.

$$\begin{cases} 200x+100y \le 2000 \\ 30x+40y \le 600 \\ 50x+10y \le 400 \end{cases}$$

이를 나타내는 부등식의 영역은 오른쪽 그림에서 가장 진하게 표시된 부분입니다. 기존 조건에서는 돌출된 부분이 A 하나뿐이었지만, 소금 조건이 추가되자 돌출된 부분이 B에도 생겼네요. 이 경우 점 A와 B 모두 최댓값이 나올 가능성이 생깁니다. 원래의 목적함수 3000*x*+3500*y*는 여전히 A에서 최댓값이 나오지만, 만약 베이글이 2,000원, 크로와상이 700원에 판매된다면, 즉 2000*x*+700*y*로 목적함수가 바뀌는 경우엔 B에서 최댓값이 나옵니다. 보통 부등식의 영역에 관련된 문제는 조건을 만족하는 영역 중 돌출된 부분(1사분면에서 영역의 꼭짓점이 되는 점)에서 답이 나올 가능성이 높습니다. 그런데 이렇게 돌출된 부분이 많은 경우 각각의 꼭짓점이 모두 최댓값을 가질 후보가 됩니다. 따라서 목적함수에 따라 어디에서 최적화된 값이 나오는지를 찾아야 합니다.

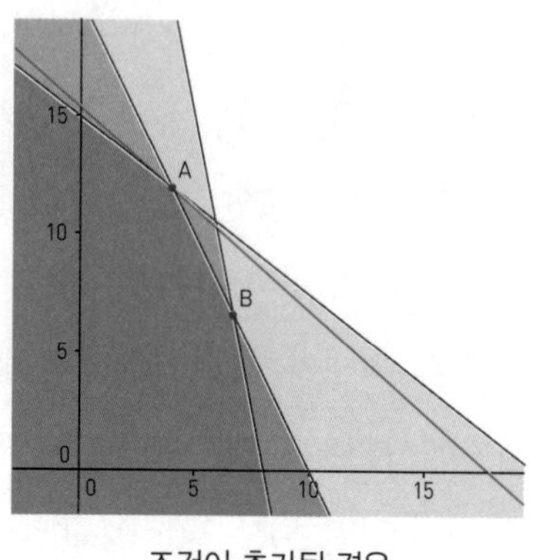

조건이 추가된 경우

최적화 조합이 1사분면에서 나타나지 않는 경우

마지막은 최적화된 조합이 1사분면에서 나타나지 않는 경우입니다. 이를테면 앞에서 베이글과 크루아상을 조합해서 만든 것과 달리, 베이글만 만들거나 크루아상만 만들 때 최대의 수입이 나오는 경우입니다. 계산을 해볼까요? 베이글의 가격이 4,000원, 크로와상의 가격이 1,600원이라면 목적함수는 $4000x+1600y$가 되겠지요. 이때 앞에서 제시했던 문제는 다음과 같이 바뀝니다.

$$\begin{cases} 200x+100y \le 2000 \\ 30x+40y \le 600 \end{cases} \text{일 때,}$$

$k=4000x+1600y$를 최대로 하는 x, y의 값은?

부등식의 영역을 그려보면 다음과 같이 나타납니다. 진하게 색칠된 영역은 주어진 조건을 만족하는 부등식의 영역이고, 보라색 직선은 k값이 최대가 될 때 목적함수 $k=4000x+1600y$의 그래프입니다. 앞과 달리 (10,0)에서 k의 최댓값이 40,000으로 나옵니다. 이 경우엔 굳이 베이글과 크루아상을 섞어서 판매하기보다는 베이글만 생산하는 편이 더 낫다고 해석할 수 있겠네요.

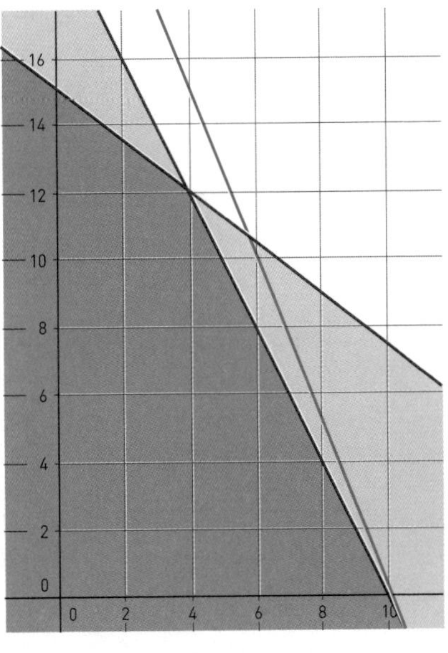

1사분면에서 최적의 조합이 나타나지 않는 경우

여기까지 선형계획법에서 조건이 변형될 경우를 몇 가지 알아보았습니다. 여기서는 최솟값을 구하는 문제를 다루지 않았는데요. 이 경우엔 제한 조건이 자원을 얼마 이상 사용해야 하는 경우로 바뀌고, 부등식의 영역도 직선의 윗부분을 색칠하는 것으로 바뀝니다. 하지만 문제를 해결하는 논리는 똑같으니 앞서 다룬 내용만으로도 충분히 최솟값 문제를 해결해볼 수 있겠죠?

경사하강법

반복을 통한 최적화 알고리즘

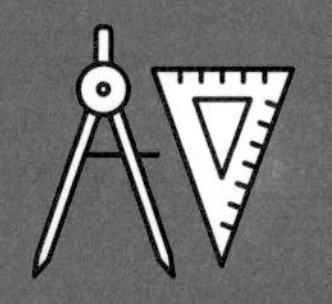

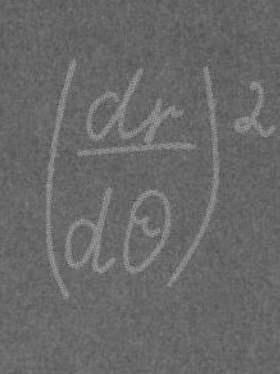

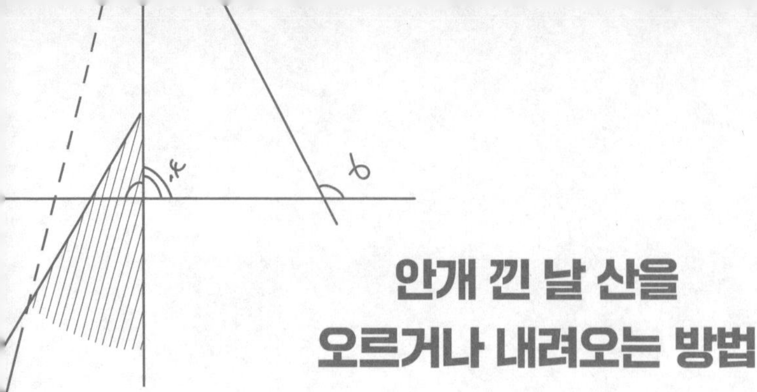

안개 낀 날 산을 오르거나 내려오는 방법

산 정상에 오르기 위해 등산을 나섰다고 생각해보겠습니다. 만약 날씨가 좋아서 산 전체가 보인다면 산의 가장 높은 봉우리가 어디 있는지 쉽게 보일 겁니다. 그러면 처음부터 그리로 방향을 잡고 등산을 하겠죠. 그런데 만약 날씨가 좋지 않고 안개가 짙게 껴서 어느 쪽으로 가야 산의 정상이 나오는지 모르는 상황이라면 어떤 경로가 최선의 선택일까요? 사실 정답은 빨리 내려가는 겁니다. 날이 궂고 안개가 꼈는데 굳이 정상을 정복하겠다고 고집 피울 필요는 없겠지요.

하지만 그럼에도 꼭 정상을 가야 한다고 가정합시다. 살다 보면 이러면 안 되는데 싶으면서도 꼭 해야 하는 순간도 있게 마련이니까요. 어떻게 이동하는 편이 가장 적절할까요? 여러 방법을 생각해볼 수 있지만, 그나마 시야가 확보된 곳을 모두 둘러본 후, 가장 높은 곳을 찾아 이동하는 편이 합리적으로 보이는군요. 특히 현재 위치에서 볼 때 경사가 가장 가파른 곳을 향해서 이동한다면, 체력에 문제가 없는 한 가장 빠르게 정상에 도달할 겁니다. 산에서 내려갈 때는 반대로 주변에서 가장 낮은 곳을 찾아 이동하면 될 테고요. 이러한 논리를 적용하여 함수의 최솟값이

나 최댓값을 찾는 방법을 **경사하강법**, 혹은 경사상승법이라고 부릅니다. 보통은 경사하강법을 더 많이 사용하기 때문에,* 여기에선 경사하강법을 중심으로 설명하겠습니다.

경사하강법의 원리

경사하강법의 원리는 사실 앞서 설명한 바와 같이 단순합니다. 현재 있는 자리의 기울기를 구하고, 구한 기울기에서 높이가 낮아지는 방향을 파악한 뒤 그 방향으로 이동하는 겁니다. 이동한 자리에서는 같은 일을 반복하고요. 예시를 함께 보며 이해해봅시다.

아래 그림과 같은 함수 $y=f(x)$가 있다고 해보겠습니다. 그래프의 왼쪽 부분은 함숫값이 감소하는 부분, 즉 미분계수가 음수인 부분입니다. 반대로 오른쪽은 함숫값이 증가하는 부분, 즉 미분계수가 양수인 부분이

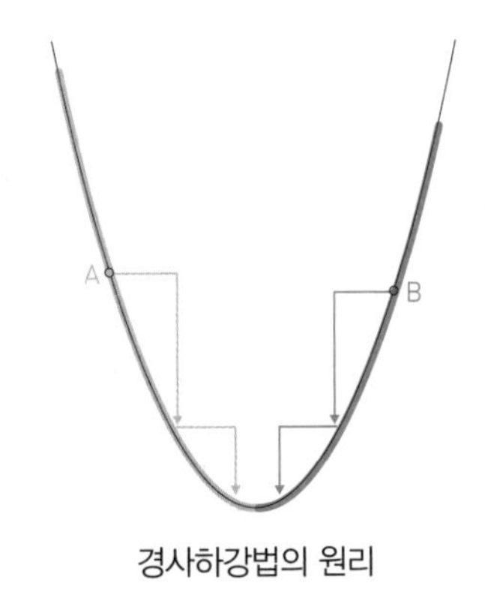

경사하강법의 원리

* 경사하강법은 최적화 과정에서 오차함수의 최솟값을 구할 때 많이 쓰입니다.

지요. 시작점을 오른쪽에서 골라봅시다. 시작점 B의 x좌표를 $x=x_n$이라고 하겠습니다. 이제 우리가 할 일은 $f(x_{n+1})$의 값이 $f(x_n)$보다 작아지는 x_{n+1}의 값을 새롭게 찾아가는 겁니다. 그림에서 알 수 있듯이, 오른쪽 부분에서 함숫값이 더 작아지려면 $x=x_n$보다 왼쪽에 있는 점을 골라야 하겠지요. 즉, x_{n+1}의 값은 x_n에서 적당한 값을 빼서 구해야 합니다. 빼는 값으로는 $x=x_n$에서의 미분계수를 고를 겁니다. 미분계수는 최솟값에서 거리가 멀수록 절댓값이 커지는 경향이 있으므로, x_{n+1}을 $x_{n+1}=x_n-f'(x_n)$과 같이 잡으면 최솟값과 먼 곳에서 출발하더라도 비교적 빠르게 최솟값에 다가갈 수 있습니다.

한편 왼쪽에서 x_n을 잡더라도 같은 논리가 성립합니다. 왼쪽에서 x_n을 잡으면 x_{n+1}은 x_n의 오른쪽에서 잡아야 하는데, 이때 x_n의 미분계수는 음수이기 때문에 $x_{n+1}=x_n-f'(x_n)$은 결과적으로 x_{n+1}보다 오른쪽에 있게 됩니다. 종합하면, $x_{n+1}=x_n-f'(x_n)$이 되겠네요.

그런데 실제로는 계산 속도를 적절히 조절하기 위해, 미분계수에 적당한 수 k*를 곱한 식을 사용합니다. 즉, $x_{n+1}=x_n-kf'(x_n)$의 식을 이용하죠. 이렇게 찾은 x_n과 x_{n+1} 사이에는 $f(x_n) \geq f(x_{n+1})$의 관계가 성립합니다. 이렇게 새로운 x_{n+2}, x_{n+3}, x_{n+4}를 계속 찾아나가다가, 마침내 $f(x_n)$과 $f(x_{n+1})$의 함숫값의 차이가 거의 없어지는 그때의 함숫값을 최솟값으로 봅니다. 물론 x_n들이 계속 함수가 증가하거나 감소하는 구간에만 있는 것은 아닙니다. k의 값에 따라 적당히 왔다 갔다 하기도 하지요. 하지만 적절한 수준에서 k값

---

* 이를 학습률이라고 합니다. 학습률은 다음 점을 잡기 위해 축 방향으로 얼마나 크게 이동할 것인가를 결정합니다.

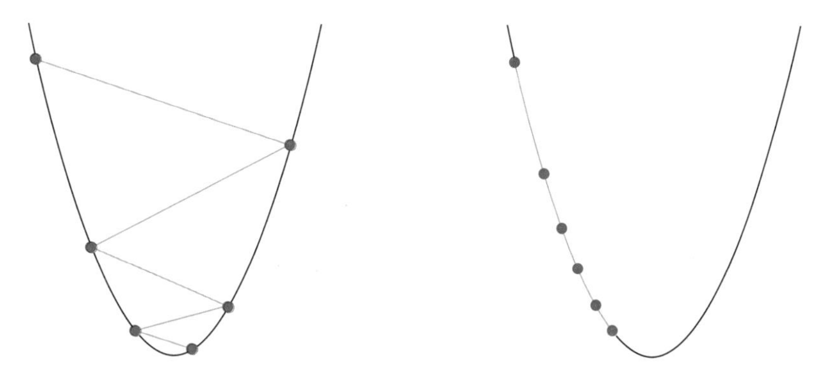

학습률에 따른 최적화 속도의 차이. 학습률은 한 번에 이동하는 거리를 말하므로,
위 그래프의 경우 축이 더 크게 움직이는 왼쪽이 학습률이 더 크다.

을 잡아주면, 다소 속도의 차이는 있더라도 결국 최솟값을 갖는 곳에 도달하게 됩니다.

계량경제학과 금융수학, 그리고 인공지능까지

여기쯤 오면 두 가지 의문이 생길 것 같습니다. 첫째는 '미분해서 $f'(x)=0$이 되는 x값을 찾으면 된다면서 왜 굳이 복잡한 방법을 써야 하느냐?'이고, 둘째는 '이게 수학이지 어디가 경제냐?' 하는 의문입니다.

첫 번째 의문은 세상이 그리 호락호락하지 않다는 말로 답할 수 있겠습니다. 최적화를 구하는 상황이 언제나 예쁜 함수로 나타나지는 않는다는 거죠. 함수 형태로 정리되지 않을 수 있고, 정리되더라도 미분하기 힘들 수도 있습니다. 미분하더라도 $f'(x)=0$을 만족하는 x값을 찾기 힘들 수도 있고요. 앞서 다룬 경사하강법은 이런 상황에서도 계산을 반복하면서 비교적 쉽게 최솟값을 찾는 방법을 제공합니다.

두 번째 의문에는 주어진 수치적 자료를 분석해 최적의 값을 도출하는 과정은 수학이나 경제나 크게 다르지 않다는 말로 답할 수 있습니다. 수학에 근거한 방법으로 경제 문제를 탐구할 수 있다는 말이죠. 경제학의 범위를 조금 넓혀봅시다. 사실 이 책에서 다루는 경제학이나 수학의 범위는 고등학교 수학 과목인 〈경제 수학〉의 범위를 크게 넘어서지 않습니다. 고등학교 〈경제 수학〉에선 경제 현상을 수학적으로 표현하는 이론을 설명하고 이해하는 데 초점을 맞춥니다. 사실 이런 관점에서는 경사하강법으로 경제 문제를 탐구한다는 말이 잘 와닿지 않죠.

그런데 경제학 분야 중에는 자료를 통계적 기법으로 분석하고 검증하는 계량경제학이라는 분야가 있습니다. 계량경제학에서는 자료를 설명할 수 있는 함수를 회귀분석이라는 방법으로 찾는 문제가 주요하게 다뤄지는데요. 이때 실제 자료의 값과 수학적 모형이 나타내는 값의 차이를 설명하는 오차함수를 최소화하는 문제가 등장합니다. 오차함수의 최솟값을 구하는 방법으로 경사하강법을 사용하고요. 조금 낯설긴 하지만 경제학의 분야에서도 경사하강법을 사용하여 최솟값을 구하는 때가 있다는 말입니다.

금융수학의 맥락에서도 경사하강법은 사용됩니다. 투자 포트폴리오의 이윤을 최대화하는 조합을 찾거나 주어진 자료를 이용해 경제 및 주가 전망을 예측하는 투자법을 고안하는 데 사용되지요. 경제에서도 수치자료를 다루는 만큼 수학적 방법론은 얼마든지 경제 문제 탐구에 사용될 수 있습니다.

사실 경사하강법은 경제보다는 인공지능 분야에서 다룰 만한 주제라고 생각합니다. 주어진 여러 자료를 학습하여 최적의 답안을 찾아내는 과정에서 오차함수의 최소화 문제가 나타나게 마련이고, 이를 해결하는 데 경사하강법이 사용되기 때문입니다. 경사하강법이 요구하는 반복적인 계산을 해결하기 위해서라도 경사하강법은 컴퓨터와 함께 다루어야 맞는 듯합니다. 실제로 고등학교 수학 교육과정에서도 경사하강법은 〈인공지능 수학〉에서 다룹니다.

그럼에도 여기에서 경사하강법을 소개한 이유는, 이러한 수학적 기법이 사회과학과 인공지능 등 분야를 막론하고 최댓값·최솟값 문제를 해결하는 데 사용될 수 있다는 점을 말하고 싶었기 때문입니다. 일단 근본이 되는 수학적 원리를 알고 나면 다른 분야에도 손쉽게 적용할 수 있을 테니까요.

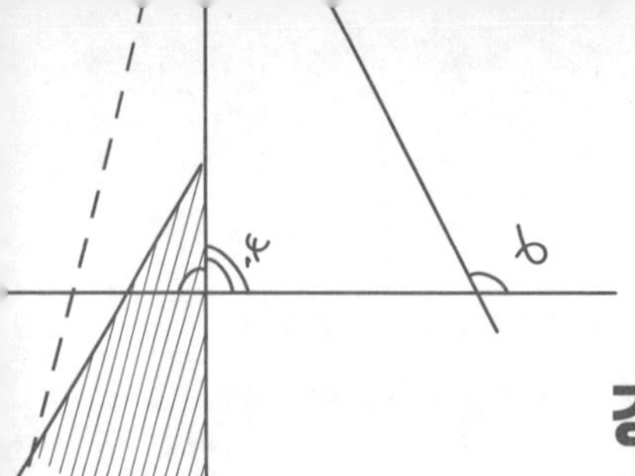

경사하강법의 실제와 한계

여기에선 앞서 소개한 경사하강법을 이용하여 실제로 함수 $f(x)=x^4-9x^3+26x^2-24x$의 최솟값을 구해보려고 합니다. 경사하강법을 사용하려면 일단 첫 번째 x의 값, x_1을 어디에서 잡을지를 생각해야 합니다. 여기에선 $x_1=5$라고 하겠습니다. 또, 적당한 학습률 k를 정해야 했던 것을 기억할 겁니다. 여기에선 $k=0.03$이라고 하겠습니다. 앞서 $x_{n+1}=x_n-kf'(x_n)$이라고 했었죠? 이 식을 이용하여 x_2를 구해봅시다.

$f(x)=x^4-9x^3+26x^2-24x$일 때 $f'(x)=4x^3-27x^2+52x-24$이므로 계산해보면 $f'(x_1)=f'(5)=61$이 됩니다. 따라서 $x_2=x_1-0.03\times f'(x_1)=5-0.03\times61=5-1.83=3.17$이 되지요. 이때 $f(x_2)=-0.52$*입니다. 같은 방식으로 x_3, x_4, …와 $f(x_3)$, $f(x_4)$, …를 순서대로 찾으면 다음의 표와 같은 값이 구해집니다. 구한 $(x_n, f(x_n))$을 그래프 위에 나타내볼까요? $(x_n, f(x_n))$이 점차 낮은 곳으로 이동하지요?

---

* 소수점 셋째 자리에서 반올림한 값입니다. 반올림한 값을 사용하더라도 최솟값을 찾아가는 데에는 큰 무리가 없습니다.

x_n	$f(x_n)$	$f'(x_n)$
5	30	61
3.17	−0.52	−3.06
3.26	−0.80	−2.83
3.35	−1.02	−2.44
3.42	−1.18	−1.95
3.48	−1.28	−1.46
3.52	−1.34	−1.02
3.55	−1.36	−0.68
3.57	−1.38	−0.43
3.59	−1.38	−0.27
3.59	−1.38	−0.17

경사하강법으로 구한
x_n, $f(x_n)$, $f'(x_n)$의 값

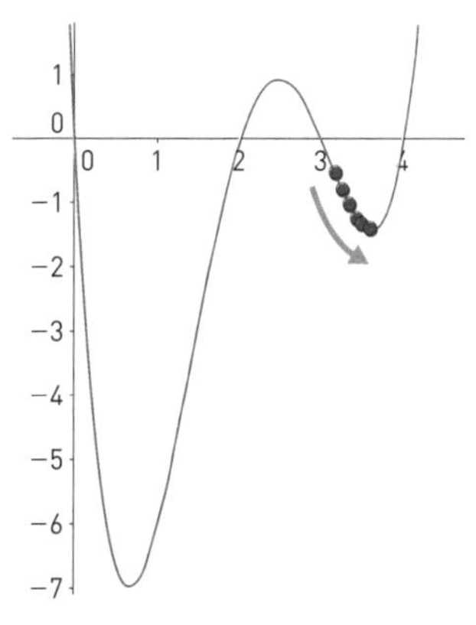

경사하강법으로 찾은 $(x_n, f(x_n))$의 값

초깃값과 학습률 설정이 중요한 이유

그런데 그래프를 잘 보면 의문이 생깁니다. 저렇게 찾아간 곳이 과연 함수의 최솟값을 나타내는 부분인가? 하는 의문입니다. 그래프를 봐도, 위에서부터 찾아간 x=3.59 근처가 함수 전체의 최솟값이 아니라는 사실이 직관적으로 보이잖아요? 주변보다 함숫값이 낮기는 하지만요. 수학 용어로는 극소를 가진다고 했었죠. 이렇듯 경사하강법은 국소적인 최솟값에 빠져버릴 수도 있다는 한계가 있습니다. 그래서 경사하강법을 사용할 때는 초깃값 선택이 중요합니다. 다음 그림은 초깃값이 x_1=2일 때와 x_1=3일 때를 각각 나타낸 그래프입니다. x_1=2일 때는 함수 전체의 최솟값을 향해 바르게 나아가지만, x_1=3일 때는 국소적인 최솟값으로 이동한다는 사실을 알 수 있지요.

한편 경사하강법은 학습률에 따라서도 결과가 달라집니다. 하단의 그

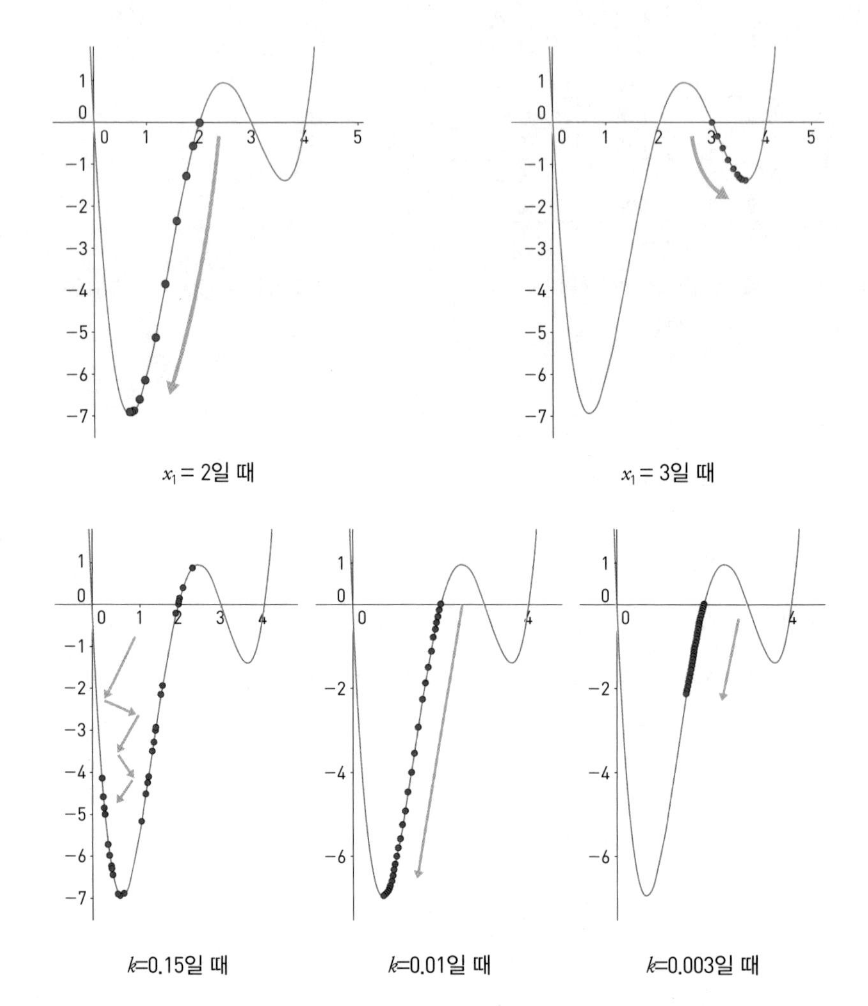

$x_1 = 2$일 때

$x_1 = 3$일 때

k=0.15일 때

k=0.01일 때

k=0.003일 때

래프는 x_1=2일 때 학습률을 각각 0.15, 0.01, 0.003으로 바꾸어가며 계산한 결과입니다. k의 값이 0.15일 때는 최솟값이 나타나는 x=0.7의 좌우를 번갈아가기는 하지만, 그래도 적당한 속도로 최솟값을 향해 나아갑니다. k=0.01일 때는 x_n이 점점 작아지며 적당한 속도로 최솟값에 다가갑니다. k의 값이 0.003 정도로 작을 때에는 최솟값을 향해 나아가기는 하지만, 그 속도가 매우 느립니다. 경사하강법으로 최솟값을 찾는 과정이 효율적이지 못한 상황이지요. 이렇듯 경사하강법을 사용할 때는 초깃값뿐만 아니라 적절한 학습률을 결정하는 것도 중요합니다.

합리적 의사결정의 결과로 실질적 이득을 얻기까지

4장에서는 여러 경제적 상황에서 최선의 선택을 내리는 방법을 알아보았습니다. 기업 입장에서는 이윤을, 소비자 입장에서는 효용을 최대화하는 방법이지요. 특정한 조건이 주어졌을 때 최적의 선택을 내리는 방법으로 선형계획법을 설명했고, 마지막으로 잘 알려진 최적화 방법인 경사하강법을 소개하였습니다. 합리적 의사결정이 중요한 이유는 자원이 한정되어 있기 때문입니다. 최적화 문제는 한정된 자원을 효율적으로 활용하여 최선의 결과를 얻는다는 현실적인 필요성이 가장 잘 투영된 문제가 아닐까 싶습니다.

합리적 의사결정을 돕는 도구로는 대부분 미분을 사용했습니다. 고등학교에서는 미분이 어디에 쓰이는지도 모르면서 일단 $y=x^n$을 미분하면 $y'=nx^{n-1}$이 된다는 사실만 외우는 경우가 많습니다. 4장을 보면서 미분이 어떻게 우리의 의사결정에 도움을 주는지 느껴보았기를 바랍니다.

수학적으로 합리적인 의사결정을 했다고 해서 그 결과가 항상 옳으냐면, 꼭 그렇지만도 않습니다. 일단 수학적인 방법 자체에도 한계가 있습니다. 경사하강법의 한계를 생각해보세요. 초깃값을 잘못 잡으면 최솟값이 아닌 곳에 빠져서 나오지 못하는 경우가 있었죠.

현실의 경제적 상황을 수학적으로 설명하는 과정에서 학자 간 생각이 달라 논쟁이 생기는 일*도 있습니다.[7] 결국 수학적으로 합리적인 결과를 도출한 것과 그 결과가 현실적으로 옳은지 그른지 따지는 문제는 별개의 판단 대상이라는 말이지요. 수학이 합리적 판단을 위한 최선의 방법이기는 하지만, 무턱대고 믿어선 안 된다는 말을 덧붙이고 싶습니다.

수학을 왜 배워야 하냐고 물으면 보통 두 가지 유형의 대답이 나옵니다. 첫째는 수학을 배우면 여기저기 써먹을 수 있다거나 수학을 잘해야 돈을 잘 번다, 혹은 대학은 가야 할 것 아니냐는 대답입니다. 이런 대답은 혹하기도 하고 솔직해서 좋긴 한데 수학을 가르치는 입장에선 사실 충분해 보이지 않습니다. 그런 마음으로 학생들을 가르치지는 않거든요. 둘째는 수학을 배워야 문제 해결력과 논리력 등이 만들어진다며, 수학의 정신도야적 성격을 강조하는 입장입니다. 저는 이 대답을 선호하지만, 사실 애들한테 이런 소리 하면 비웃음 사기 딱 좋습니다. 정신도야를 말할 때 흔히 쓰는 소재가 플라톤의 아카데미아에 쓰여 있다던 '기하학을 모르는 자는 들어오지 말라'인데, 플라톤과 우리 사이엔 2,000년이 넘는 시간이 자리하잖아요? 말에서 구체적인 실익을 느끼기 어려우니 요새 학생들이 왜 공감하지 못하는지도 이해가 갑니다.

수학이 합리적 의사결정의 판단 근거가 된다는 말은 이 두 대답의 중간 어디쯤 있지 않나 싶습니다. 어떤 문제를 합리적으로 판단할 수 있다는 말은 곧 논리력과 문제 해결력이 있다는 말이기도 하고, 합리적 의사결정의 결과로서 실질적인 이득이 생긴다는 말이기도 하니까요. 합리적 의사결정이 실질적으로 어떻게 우리 삶과 직결되는지를 보여준다는 점

---

* 1950년대 중반에서 1970년대 중반까지 이어진 케임브리지 자본 논쟁이 하나의 예시입니다. 신고전주의 학파가 자본을 수학적으로 다룰 때의 가정에 비판을 제기하면서 논쟁이 시작되었습니다.

에서 경제 수학은 수학을 배워야 할 필요성을 설득하기에 괜찮은 과목이
라고 생각합니다.

수학의 아름다움과 실용성을 생각하며

지금까지 우리는 여러 경제 현상을 분석하는 데 수학이 어떻게 사용되는지 구체적으로 알아보았습니다. 1장에선 시간에 따라 변하는 돈의 가치를 '변화와 규칙성'이라는 주제로 살펴보았고, 2장에선 비와 비례를 이용하여 여러 경제 현상을 설명하는 지표들을 '상대적인 크기'라는 주제로 살펴보았습니다. 3장에선 복잡한 경제 현상을 수학적으로 표현하는 방법을 '모델링'이라는 주제로 다루었고, 4장에선 각 경제 주체의 입장에서 경제적으로 유리한 선택을 하는 방법을 '합리적 선택'이라는 주제로 소개했습니다.

이러한 주제로 수학은 복잡한 현상을 질서정연하게 이해하도록 도와주는 학문이라는 관점을 전하고 싶었습니다. 수학 자체가 복잡하지 않느냐고 생각할 수도 있지만, 아무렴 현실의 문제에 비할 만할까요. 수학은 추상화되어 이해가 어려울 뿐입니다. 이 책에서 수학은 복잡한 현실을 이해하도록 돕는 생각의 길잡이 역할을 한다는 사실을 보여주고 싶었습니다.

머리말에서 언급했던 수학의 아름다움을 다시 꺼내며 글을 마무리할까 합니다. 수학이 갖는 아름다움 중 하나는 실용적 아름다움입니다. 수학이 우리 문명의 발전에 얼마나 실질적으로 기여했는가, 수학이 어떻게 현실의 문제를 풀어가는가에 대한 논의지요. 이러한 수학의 '실용미'는 책에서 나름대로 설명한 것 같습니다.

둘째는 수학 자체가 가진 심미적 아름다움입니다. 수학은 추상화·구조·논리·합리·정합성과 같은 단어로 표현할 수 있는 고유의 심미적 아름다움을 갖고 있다고 생각합니다. 개인적으로 사람들이 수학에 미치는 이유는 이쪽의 매력에 있다고 생각하는데, 이건 몸으로 겪어보지 않으면 좀처럼 설명하기 힘든 부분입니다. 혹시 책을 읽고 수학에 긍정적인 마음이 생겼다면 이제 수학 자체를 좀 더 진지한 태도로 공부해보면 좋겠다는 생각이 듭니다.

글을 준비하며 여러 가지로 재밌었습니다. 이런저런 책을 참고하며 부족한 지식을 메우는 과정도 힘들긴 했지만 결국 의미 있는 경험으로 남은 것 같네요. 기회가 된다면 좋은 날에 수학에 관한 다른 글로 만나볼 수 있으면 좋겠습니다.

책이 나오기까지 여러 인연으로 도움 주신 분들이 있습니다. 경제 수학과 연을 맺도록 여러 기회를 마련해주시며 지도해주신 권오남 교수님, 수업만 열심히 했는데 출판 제안을 주신 이유나 편집장님과 좋은 책이 되도록 도와주신 지혜빈 편집자님, 일한다고 틈만 나면 방에 들어가 앉아 있는 아빠와 남편을 이해해준 태준이와 아내에게 감사의 말을 전합니다.

미주

1장

1. 다음 기사를 참고하였다. 〈"옛 자장면값, 기억하나요"…2000 vs 2022 물가 비교해보니〉, 라예진 기자(2022.02.26.), 이코노미스트, https://economist.co.kr/2022/02/26/industry/distribution/20220226142253985.html

2. 금융감독원 금융상품한눈에 홈페이지, https://finlife.fss.or.kr/main/main.do

3. 전국 은행연합회 소비자포털 홈페이지, https://portal.kfb.or.kr/

4. 기획재정부 경제배움터 시사경제용어사전, "연금", 2020.11.03., https://www.moef.go.kr/sisa/dictionary/detail?idx=1823

5. 〈[시사금융용어] 벼락거지〉, 김지연 기자(2020.12.08.), 연합인포맥스, https://news.einfomax.co.kr/news/articleView.html?idxno=4121466

6. 〈금리 충격에 서울 아파트 중위가격도 약 2년 만에 하락〉, 서미숙 기자(2022.08.30.), 연합뉴스, https://www.hankyung.com/realestate/article/202208308262Y

2장

1. 〈조세호 6개월 다이어트 비법 공개… "체지방 15kg 감량한 비결은"〉, 강경윤 기자(2020.07.28.), SBS 연예뉴스, https://news.sbs.co.kr/news/endPage.do?news_id=N1005903411

2. 국가지표체계 지표상세정보, "경제성장률", 2024.01.25., https://www.index.go.kr/unify/idx-info.do?idxCd=4201

3. 지표누리 홈페이지, https://index.go.kr

4. 네이버페이 증권 시장지표 페이지, https://finance.naver.com/marketindex/

5. 한국은행경제통계시스템 홈페이지, https://ecos.bok.or.kr/#/

6. 통계청 경기순환시계 홈페이지, https://kosis.kr/visual/bcc/index/index.do;jsessionid=O4NzVtPyzhnFnUfJOH4hEkaRDkZ1FFUQDA41tSb781h6h9rQn704NudneSgFBEHK.STAT_WAS2_servlet_engine4?mb=N

7. 그림 출처: https://www.wannapik.com/vectors/71898

8. 한국은행 경제용어사전, "물가", https://www.bok.or.kr/portal/ecEdu/ecWordDicary/search.do?menuNo=200688

9. 통계청 소비자물가지수 홈페이지. https://kostat.go.kr/cpi/

10. IMF DATA MAPPER 홈페이지. https://www.imf.org/external/datamapper/NGDP_RPCH@WEO/OEMDC/ADVEC/WEOWORLD

11. 자세한 내용은 다음 링크에서 확인해볼 수 있다. 한국거래소, 유가증권 신규상장 상장요건, https://listing.krx.co.kr/contents/LST/04/04010101/LST04010101.jsp

12. 신한은행 외환 환율조회, 국제환율 고시표. https://bank.shinhan.com/index.jsp#020501010000

13. SC은행 환율정보, 환율차트보기, https://www.standardchartered.co.kr/np/kr/pl/et/ExchangeRateP3.jsp?link=3#

14. 국세청 국제신고안내, 세율, https://www.nts.go.kr/nts/cm/cntnts/cntntsView.do?mi=2227&cntntsId=7667

15. 갭마인더 홈페이지. https://www.gapminder.org/

16. 다음 기사를 참고하였다. 〈노동자 천국 佛 최저임금 7% 오를 동안 … 韓 42% 뛰었다〉, 이희조 기자(2023.07.13.), 매일경제. https://www.mk.co.kr/news/economy/10784044

17. 다음 기사를 참고하였다. 〈OECD 대사 "한국 경제지표는 꿈의 수치…격차 문제 해소할 때"〉, 현혜란 기자(2021.10.31.), 연합뉴스. https://www.yna.co.kr/view/AKR20211031001700081

18. 다음 기사를 참고하였다. 〈노동·교육·연금개혁 집중 역대 최고 수출액 세계 6위 수출강국으로〉, 선수현 기자(2023.05.11.), K-공감(전자정부 누리집), https://gonggam.korea.kr/newsContentView.es?mid=a10224000000§ion_id=NCCD_SPECIAL&content=NC002&news_id=c98839a4-9b37-4db5-8712-314a4be66281

19. 다음 기사를 참고하였다. 〈2022년 무역적자 472억달러 '사상 최대'…14년 만에 첫 적자〉, 김영배 기자(2023.01.01.), 한겨레신문. https://www.hani.co.kr/arti/economy/economy_general/1073917.html

3장

1. "경제 시리즈 시즌3 – 2부 따뜻한 경제학", (2014.09.08.), EBS 제공, https://jisike.ebs.co.kr/jisike/vodReplayView?siteCd=JE&courseId=BP0PAPB0000000009&stepId=01BP0PAPB0000000009&lectId=10247324&searchType=&searchKeyword=&searchYear=&searchMonth=

2. 네이버영화 관람평을 캡처하였다.

3. 네이버지도 리뷰를 캡처하였다.

4. 이 부분의 내용은 다음을 참고하였다. Gordon, S. (1982). "Why did Marshall transpose the axes?". *Eastern Economic Journal, 8*(1), 31-45p.

5. 〈쌀은 풍년이 재앙… 대체작물 심으면 쌀값·식량안보 둘 다 잡아〉, 정혁훈 기자(2022.08.21.), 매일경제. https://www.mk.co.kr/news/economy/10429770

6. 〈풍년 기원하며 모내기 작업〉, 임문철 기자(2023.06.15.), 남도일보. https://www.namdonews.com/news/articleView.html?idxno=728315

7. 거시경제학에 관한 내용은 다음을 참고하였다. 정운찬, 김영식, 《거시경제론》, 율곡출판사, 2022

4장

1. 한국사회적기업진흥원 홈페이지. https://www.socialenterprise.or.kr/

2. 해당 기업들은 한국사회적기업진흥원의 사회적기업 유형별 사례에서 발췌하였다. 한국사회적기업진흥원, "기타(창의, 혁신)형", https://www.socialenterprise.or.kr/social/ente/typeEtc.do?m_cd=F004

3. KOTRA (2020), 〈2020 해외 사회적경제기업 성공사례 : 포용적 성장, 착한 기업의 성공스토리〉. K II/B-00/XII-c CAA 20, 357p.

4. 이 부분의 설명은 다음을 참고하였다. 김성현, 《경제수학 강의》, 율곡출판사, 2017. 314~315p.

5. 소비자상담센터 홈페이지. https://www.ccn.go.kr

6. 소비자24 홈페이지. http://www.consumer.go.kr.

7. Cohen, A. J., & Harcourt, G. C. (2003). "Retrospectives whatever happened to the Cambridge capital theory controversies?". *Journal of Economic Perspectives, 17*(1), 199-214p.

경제가 쉬워지는 최소한의 수학

초판 1쇄 발행 2024년 5월 3일
초판 5쇄 발행 2024년 11월 29일

지은이 • 오국환

펴낸이 • 박선경
기획/편집 • 이유나, 지혜빈, 김슬기
홍보/마케팅 • 박언경, 황예린, 서민서
표지 디자인 • 구경표
디자인 제작 • 디자인원(031-941-0991)

펴낸곳 • 도서출판 지상의책
출판등록 • 2016년 5월 18일 제2016-000085호
주소 • 경기도 고양시 일산동구 호수로 358-39 (백석동, 동문타워 I) 808호
전화 • 031)967-5596
팩스 • 031)967-5597
블로그 • blog.naver.com/kevinmanse
이메일 • kevinmanse@naver.com
페이스북 • www.facebook.com/galmaenamu
인스타그램 • www.instagram.com/galmaenamu.pub

ISBN 979-11-93301-02-9/03410
값 18,500원

• 잘못된 책은 구입하신 서점에서 바꾸어드립니다.
• 본서의 반품 기한은 2029년 5월 31일까지입니다.